商業簿記（上）

Commercial Bookkeeping

盛禮約 著

三民書局

國家圖書館出版品預行編目資料

商業簿記(上)／盛禮約著.――修訂三版四刷.――臺
北市：三民，2020
　　冊；　公分

　　ISBN 978-957-14-5834-2 （上冊：平裝）
　　1.商業簿記

495.55　　　　　　　　　　　　　　　102015688

商業簿記（上）

作　者	盛禮約
發 行 人	劉振強
出 版 者	三民書局股份有限公司
地　址	臺北市復興北路 386 號 (復北門市)
	臺北市重慶南路一段 61 號 (重南門市)
電　話	(02)25006600
網　址	三民網路書店 https://www.sanmin.com.tw
出版日期	初版一刷 1969 年 1 月
	修訂三版一刷 2013 年 8 月
	修訂三版四刷 2020 年 11 月
書籍編號	S491270
I S B N	978-957-14-5834-2

修訂三版序

　　簿記是以簡易的手續及明晰的方法,將經濟活動作有系統的記載與整理,藉以記錄實況、表明現狀。亦即,簿記是會計所運用的工具,隨會計學的進步而改進;也是會計學的入門,由之而登堂入室。

　　我國政府為推行良好的簿記實務,特訂立《商業會計法》,並歷經多次修訂,最近一次修訂日期為民國98年6月3日。本書此次便是配合最新之相關法令,作大幅度的修改;同時書中列舉之範例,相關數字皆以簡明、易於計算為原則,主要用意在使讀者熟悉簿記之原理,增加學習興趣。

　　全書分上、下兩冊,共十八章。第一章概述簿記之意義與功用;第二～三章探討單式簿記與雙式簿記之差異;第四～六章說明會計科目、會計事項與會計憑證;第七～十二章依序介紹序時簿、現金日記簿、總分類帳、明細帳、專欄、多本序時簿;第十三～十六章則為試算表、結算、調整、表結與帳結;最後,第十七～十八章闡述如何編製會計報表。

　　各章末皆新增會計事務丙級技術士檢定之考古題,幫助讀者迅速掌握各章重點及加強作答之能力。此外,本書內容簡潔詳盡,讀者詳讀後必能培養日後從事會計工作的基本能力,並奠定研究會計理論的基礎。

三民書局編輯部　謹識

中華民國 102 年 8 月

自 序

這本簿記，主要是為五年制商專的簿記課程而編的。五年制商專的興起而迅速發展，適與我國的經濟建設相配合。在五年制商專創設之初，便有講授簿記課程的友人，提及極需新編一本簿記教科書，去年承三民書局的敦邀，著手編撰。原以為操刀小試，不會太費時日，結果卻因題材的編排與內容問題，數度易稿。

本書除供五年制商專之用以外，在編撰時，並多方兼顧，希望達到下列目的：

1.這是一本比較新穎的簿記教科書，所以對於已經習過初級簿記的學生，進入商職或五年制專科者，仍屬甚有助益。初習簿記的，如果採用此書，當更可觀念正確。

2.可以供高商及一般高職的簿記課程作教本，因而非常注重實用，使已習本書的人，能夠單獨處理相當複雜的帳務。

3.特別重視實務，配合《商業會計法》及現行稅法，使一般小工商業的從業人員，可以用以研習、改進帳務及指導屬下的職員辦理帳務。

再者，現代的會計學，在教學上對於簿記的部份，各國都趨向減少。但我國的工商業不夠發達，研習會計的學生，在研讀會計學之前，往往未有簿記學識。近十年來，在大專講授會計學的同仁，認為宜使初習會計的學生，先行閱讀簿記一書，使之在借貸分錄帳務處理及會計報表上，具有基本的知識，但又恐簿記所述欠當，反致先入之見，以後不易改變。作者去年，樂於接受三民書局之約，編寫此書，也為了會計教學之故，想在簿記方面，使學者較有良好的根基。

　　本書承吳世仁棣及邵妙姿棣協助，得以早日脫稿，特此誌謝。初版刊行，至祈各界惠賜匡正，任何批評與建議，均所銘感。

浦陽　盛禮約

中華民國 56 年 8 月

商業簿記 上

修訂三版序

自　序

第八章　現金日記簿

第九章　總分類帳

第一章

概　論

第一節　簿記的意義

人類有了經濟活動，就有簿記的需要。我國遠古，結繩記事、石壁記數，便是簿記的開端。西方推溯簿記歷史至巴比倫的漢慕拉比 (Hammurabi) 皇，時為西元前二千一百年，距今已四千年了。

簿記 (Bookkeeping) 俗稱記帳。擔任記帳工作的人員，稱為記帳員 (Bookkeeper)。實質上，簿記的工作，不單是帳務的記載 (Recording)，而且包括由記帳而整理，由整理而編製報表 (Reporting)。

簿記是對人類的經濟活動，以簡捷的手續及明晰的方法，作有系統的記載與整理，藉以記錄實況，表明現狀。人類的經濟活動，小而為個人與家庭，大而為工商企業、公私社團、政府機關，以至國際集團，和整個世界的經濟活動，都可以用簿記的方法，作有系統而易於整理，便於查閱與報告的記載，簿記應用的範圍因而甚廣。個人用的簿記較為簡單，通常為個人的收支帳。家庭用的稱為家庭簿記，單記日常用途的，稱為日用帳。公私社團規模不一，有的著重現金收支帳，有的則有完整的簿記。政府機關的帳務，一稱官廳簿記。

一般的簿記，以工商企業為對象，常稱之為商業簿記。但其原理與方法，可以適用於各種社團與機關。我國政府為推行良好的簿記實務，特訂立《商業會計法》，自民國 41 年 1 月 1 日開始在臺灣省區分期施行，並配合法規及會計制度的變革，歷經多次修訂。《商業會計法》所指的商業，含義甚廣，泛指以營利為目的之事業，我國通稱為營利事業，凡農工商礦、漁牧林航、運輸服務、醫療廣播、銀行保險等等，都包括在內。

🖊 第二節　簿記與會計

　　本書所述，便是合於《商業會計法》的商業簿記。簿記 (Bookkeeping) 與會計 (Accounting) 並不相同，主要的分別是：

1. 簿記是會計的初步，會計是簿記的根本。

2. 簿記是依據會計的原理原則而實施，會計是指導簿記的南針。

3. 簿記工作是會計工作的一部份，會計工作則在簿記工作之外，還有許多研析審核的工作。

4. 簿記工作著重交易的記錄、分類與彙總，直到編出正式的報表為止，會計工作則在報表編出之後，還需進行報表的分析、預算編製、內部稽核等研究工作。

5. 簿記是事務性的工作，會計則較著重服務性的工作，發揮積極的貢獻。

6. 簿記須按照會計原理原則的規定而辦理，會計則有時不受簿記所載的拘束，以從多方面不同的觀點，來表達經濟活動的實況，或可能發生的狀況。

7. 簿記以記載實際發生的經濟活動為主，會計則較著重於預計，對尚未發生尚未記載的未來狀況，預作研析。

8. 簿記注重實用，是一門應用技術；會計則涉及學理，早已邁向科學之途，會計學是社會科學中的一支。

　　總之，簿記乃是會計所運用的工具，隨會計學的進步而改進；也是會計學的入門，由之而登堂入室。所以，學了簿記之後，還需再研讀會計學，使對簿記工作更能勝任。已經從事簿記工作的人，也需經常留意會計學的新知識新觀念，追隨改進。

📝 第三節　簿記的功用

簿記不但公私廣需應用，而且有很多的功用，主要者有如下述：

⭐ 一、歷史性的記載

就這方面而論，簿記的作用，一如歷史：

✦㈠幫助預計未來

從過去而可估計或推算未來，例如若以往每學期的文具紙張費是 $550，而這學期新增簿記課程，將多用些作業用紙，要一支筆尖細一些的鋼筆，一根平直的劃線尺，估計共需 $100，則本學期的文具紙張費，便可估為 $650 了。

✦㈡幫助檢討改進

正如歷史記載顯示出過去的優點和缺點，簿記可以顯示過去的經濟活動，那些是有利或有功效的，那些是浪費而不經濟的。

✦㈢幫助保存資料

簿記記載了事況的經過，同時保存了有關的單據證明，以備日後的查閱和研析。

⭐ 二、經濟事實的記載

簿記記載了過去的與現在的經濟活動事實，因而可以：

✦㈠幫助知道現況

可以知道現有什麼，尚缺什麼。

✦㈡幫助知道進行的情況

可以明瞭經濟活動進行到如何程度，進行得是否與預計相符合，以及今後將會如何進行。

✦ ㈢幫助記憶

例如欠別人多少，欠的是誰？如果平時沒有記帳的習慣，則事後追憶，既不容易準確，也容易遺漏忘卻了。

✪ 三、有系統的記載

簿記係用有系統的方法記載經濟活動，因而可以：

✦ ㈠便於歸類彙集和比較

使有關的或同一類的事項，容易集中。例如將每一個月的家用支出，分類歸集在一起，看看各月要花費多少，是否有可以節省的地方，是不是家用之中增進身心健康的支出太少，而該設法增加。

✦ ㈡便於查閱

例如要查去年 8 月份自來水費是那一天繳的，便可在去年的水電費支出內尋找。

✦ ㈢便於審查

例如合夥人或監察人的檢查帳務,稅捐機關的查核應該繳納多少所得稅,會計師的查核帳務與所編報表，是否合乎一般公認的會計原則等。

✪ 四、資料的歸集記載

簿記用有系統的方法，使資料分類歸集，有下述的功用：

✦ ㈠提供徵信的資料

藉簿記的記載，以取信於公眾。

✦ ㈡幫助管理的資料

藉簿記的記載以幫助管理者進行：決策、控制、策劃、考核及研究。

✦ ㈢對外據以申報的資料

例如依據簿記的記載，按照稅法的規定，申報所得稅，報繳營業稅等。

⭐ 五、準備編報的記載

由簿記的記載，經過整理，按期編製正式的報表，將每期經營的成果和財務狀況報告股東會，或者按照政府法令的規定，編製應該造送的報表。公私社團、政府機關，以及一般工商企業，都有按期編製報表的責任。

⭐ 六、保障權益的記載

簿記須作公允而真實的記載，從之編出報表，以保障出資人及其他利害關係人的權益。我國於民國 90 年修正通過的《公司法》第二十條，規定公司每屆會計年度終了，應將營業報告書、財務報表及盈餘分派或虧損撥補之議案，提請股東同意或股東常會承認。主管機關且可隨時前來檢查糾正。同法規定，每營業年度（即會計年度）終了，董事會便應該編製上述各項書表，送交監察人查核，及備股東隨時查閱，公司債權人亦得要求給予或抄錄。公開發行股票或公司債者，上述表冊並應經會計師簽證，於一個月內公告之。

《商業會計法》第六十六條也規定了企業應編製報表的責任。會計年度終了後，須遵照該法的各商業，便應編製營業報告書及財務報表。主要的財務報表包括：資產負債表 (Balance Sheet)、損益表 (Income Statement)❶、權益變動表 (Statement of Changes in Equities) ❷ 及現金流量表 (Cash Flow Statement)，這些報表，稱為決算報表，須送請出資人、合夥人，或股東承認。與該商業有利害關係的人，得因正當理由，請求查閱前項決算報表，並得聲

---

❶ 遵行 IFRS 之後，資產負債表及損益表改稱為財務狀況表 (Statement of Financial Position) 及綜合損益表 (Comprehensive Income Statement)，惟傳統的報表名稱已使用多年，其名稱之改變並不影響表達財務狀況的真實意義，故實務上仍予以沿用。

❷ 過去此表稱為業主權益變動表 (Statement of Changes in Owners' Equities)，遵行 IFRS 之後，此表改稱為權益變動表。

請法院選派檢查員檢查該商業的帳簿、報表及憑證。

⊛ 七、解除責任的記載

《商業會計法》第六十八條明訂各商業負責人及主辦會計人員，對於每一年度的會計上之責任，於該年度的決算報表，經出資人、合夥人，或股東承認之後，便告解除。但有不正當的行為者，不在此限。政府機關在會計上之責任，則需經過審計機關的審計。

✒ 第四節　學習簿記的要點

⊛ 一、學以致用

簿記是有規律、有系統、有組織的記帳方法。凡是有系統的方法，便是容易學習的方法。所以簿記是易學易記的技術。同時由於簿記切合實用，所以隨時可以學以致用，以增加學習的興趣；另一方面，簿記是依據會計的原理原則，所以平時留意聽講，記住帳務處理的原理原則，便不致遭遇研習上的困難。

⊛ 二、熟能生巧

簿記非常注重作業，須在平時養成嫻熟、準確、整潔有序而迅速處理的習慣。在做作業之前，宜將課本溫習一遍，養成不必查閱課本而能處理帳務編製報表的習慣。

⊛ 三、細心謹慎

記帳工作不可耽誤延遲，所以對於簿記的作業，也當儘早作畢，不可臨時草草為之。記帳工作須求數額準確，所以不可粗心大意。帳簿須供多方面

的查閱，並須長期保存，因此平時便要養成書寫清晰整齊的習慣，記帳時留意勿使帳頁沾污。對於記載的說明和報表的附註，以簡明為尚，要省除多餘的字句。

第五節　簿記的重要規則

下面是簿記工作時的一些重要規則：

1. 記帳以「元」為單位，元以下取小數點後二位，記至分為止，分以下四捨五入。但若干參考用的數字，或商品及材料的單位價格，可以按實際情形計算到分位以下。

2. 帳簿內記載的數字及文字，均須端正清晰，排列整齊，字體大小，以占格內三分之二為準。

3. 記載不得任意塗改，或用刀刮、用橡皮或砂皮擦除，或以藥水塗滅。

4. 記帳錯誤時：

    ⑴如果更改以後，不影響總數者，可在原錯誤上劃紅線二道，將更正的數字，用較小的字體書於上面，並由記帳的人，於紅線處蓋章，以明責任。

    ⑵在上述情形下錯寫的數字，不論錯了幾位，應將全數整個劃去，重行繕寫。

    ⑶如果錯誤的記錄，經更正後，將影響已結出的總數者，須以更正的記錄，以更正之。例如有一位顧客甲，原來欠 \$5,000，此次歸還欠款 \$1,000，誤記為 \$100，已按錯誤的記錄結出總數尚欠 \$4,900，此時便需另作更正的記錄，表明誤記的情形，以便將結欠改正為 \$4,000，此時不可將錯寫的金額和錯誤的結欠額，用劃紅線的方法辦理。

5. 帳簿及表冊內，如有不應劃線而誤劃者，應於線的兩端，作紅色「×」

號以註銷之，並應於「×」的中心，蓋章證明。

6. 帳簿上如有誤空數行或誤揭數頁以致中有空頁時，均須在誤空的行頁上，以紅線劃「×」，以示註銷，並於「×」線的中心，蓋章證明。

7. 不可將明知為虛偽不實的事項，記入帳簿。

8. 正式的表冊，必須依據帳簿而產生。

9. 各種帳簿的帳頁，均應順序編號，不得撕毀缺頁。總分類帳（簡稱總帳）及明細分類帳（簡稱明細帳）並應加列目錄。使用活頁的總帳及明細帳，可按每一科目分編該科目連續使用的頁次，例如現金科目列為第 1 號，其第一頁可編為 1–1，其第二頁編為 1–2。

10. 人名帳戶須載明其自然人或法人的真實姓名，註明其住所，例如往來的客戶大洋公司地址臺北市重慶南路〇〇號 3 樓。財物帳戶須載明名稱、種類、價格、數量及所在地，例如門市部洋房牌 PP 襯衫一百打，每打 $12,000。

帳簿的首頁，應標明使用機構的名稱，例如三民書局；帳簿的名稱，例如總分類帳；以及冊數、頁數、啟用日期，並由主管該帳簿的人員及主辦會計人員簽名蓋章。帳簿末頁，應列經管人員一覽表，填明主辦會計人員及記帳、覆核等有關人員的姓名、職務、經管日期，並分別簽名、蓋章。

《商業會計法》第二十五條規定，各商業並應設置帳簿目錄，記明其所設置而使用的各帳簿名稱、性質、啟用與停用日期、已用與未用頁數，由該商業的負責人及經辦會計人員會同簽字。

🖋 第六節　簿記工作的處罰

為了確保記載的真實與保護利害關係人的權益，《商業會計法》對於應按該法實施的商業，在簿記工作上未依法辦理的，有很重的處罰。

✪ 一、處五年以下有期徒刑、拘役、或科或併科新臺幣 60 萬元以下罰金者

1. 以明知為不實的事實而填製會計憑證或記入帳冊者。
2. 故意使應保存的會計憑證、帳簿報表滅失毀損者。
3. 偽造或變造會計憑證、帳簿報表內容或撕毀其頁數者。
4. 故意遺漏會計事項不為記錄，致使財務報表發生不實之結果。
5. 其他利用不正當方法，致使會計事項或財務報表發生不實之結果者。

✪ 二、處新臺幣 6 萬元以上，30 萬元以下罰鍰者

1. 未設普通序時帳簿（即日記簿）及總分類帳者，但其會計組織健全者，可用總分類帳科目日計表，代替普通序時帳簿。
2. 撕毀所置帳簿的頁數或毀滅審計軌跡者。
3. 未依期限保存帳表憑證者。依規定，各項會計憑證應至少保存五年；各項會計帳簿及財務報表應至少保存十年。
4. 不依規定如期辦理決算者。
5. 編製內容顯不確實的決算報表者。

✪ 三、處新臺幣 3 萬元以上 15 萬元以下罰鍰者

1. 商業之支出超過一定金額以上，未使用匯票、本票、支票、劃撥或其他經主管機關核定之支付工具或方法，並載明受款人者。
2. 未依規定取得原始憑證或給與他人憑證者。
3. 不按時記帳者。
4. 不依規定裝訂或保管會計憑證者。
5. 不編製報表者。
6. 不將決算報表置於本機構或無正當理由拒絕利害關係人查閱者。

⭐ 四、處新臺幣 1 萬元以上 5 萬元以下罰鍰

1. 記帳的本位幣未依規定者，及帳上非用中文記載者。但可依事實的需要，在中文之外，加註或併用外國文字。因業務實際需要而以外幣記帳者，仍應在決算時將外幣折合國幣或法令規定的當地通用貨幣。

2. 未設置應備之帳簿目錄者。

3. 記帳憑證及會計帳簿，未由代表商業之負責人、經理人、主辦及經辦會計人員簽名或蓋章負責。但經授權簽名或蓋章者，不在此限。

4. 決算報表未由代表商業之負責人、經理人及主辦會計人員簽名或蓋章負責。

5. 商業負責人未於會計年度終了後六個月內，將商業之決算報表提請商業出資人、合夥人或股東承認。

6. 拒絕法院所派檢查員的檢查者。

　　在小規模的工商業或公私機構之內，如果簿記工作人員，同時就是主辦會計人員，則還須注意《所得稅法》、《加值型及非加值型營業稅法》等關於應行辦理扣繳稅款、所得稅申報及營業稅報繳等的處罰。例如發放薪津工資時，要依法扣繳員工的所得稅，在限期內繳往公庫。公司組織內的主辦會計人員，並須注意《公司法》內所規定的處罰。

　　從以上的罰則，可見擔任簿記工作，必須審慎從事；而且要持身以正，對於主管不正當的吩咐，不可屈從，免致違法受罰。

習 題

一、問答題

1. 請說明簿記是什麼？

2. 簿記與會計有何主要的不同？

3. 簡列簿記的功用。

4. 簿記何以能幫助知道現況及幫助檢討改進?

5. 學習簿記,須在平時養成一些什麼習慣?

6. 為了保障投資人和債權人等的權益,《公司法》和《商業會計法》對於決算表冊,有什麼規定?

7. 記帳錯誤時,應如何更改?

8. 對於帳簿目錄,在《商業會計法》上規定該記明什麼事項?如果未設置帳簿目錄時,將有如何的處罰?

9. 若將不實的事實記入帳冊,將有何處罰?

10. 按照《商業會計法》,那一些簿記有關事項,會被判處新臺幣 6 萬元以上,30 萬元以下的罰鍰?其中那一些可能被判五年以下有期徒刑?

二、選擇題

( )　1.利用不正當方法致使會計事項或財務報表發生不實之結果者,商業負責人、主辦及經辦會計人員或依法受託代他人處理會計事務之人員,最高可處幾年以下有期徒刑?

　　　　(A)一年　(B)三年　(C)五年　(D)七年　　　　　　　【丙級技術士檢定】

( )　2.直接更正記帳數字錯誤的方法,應該要怎麼做?

　　　　(A)用橡皮擦　(B)用褪色墨水　(C)塗改　(D)用雙紅線全部註銷,並將正確數字寫在上面　　　　　　　　　　　　　　　　　　　　　【丙級技術士檢定】

( )　3.依我國《商業會計法》之規定,各項會計憑證,除應永久保存或有關未結會計事項者外,應於會計年度決算程序辦理終了後,至少保存多久?

　　　　(A)五年　(B)十年　(C)十五年　(D)二十年　　　　　　【丙級技術士檢定】

( )　4.下列何者為會計人員可從事之行為?

　　　　(A)不取得原始憑證或給予他人憑證　(B)不按時記帳　(C)依規定裝訂或保管會計憑證　(D)不編製報表　　　　　　　　　　　　　　　　【丙級技術士檢定】

( )　5.商業會計之記載,除記帳數字適用阿拉伯字外,應以我國文字為之;其因事實上之需要,而須加註或併用外國文字,或當地通用文字者,以下列何種文字為準?

　　　(A)英國文字　(B)日本文字　(C)法國文字　(D)我國文字　　【丙級技術士檢定】

（　）6.依我國《商業會計法》之規定，企業編製之報表，應於會計年度決算程序終了

　　　後，至少保存：

　　　(A)五年　(B)十年　(C)十五年　(D)二十年　　　　　　　　【丙級技術士檢定】

（　）7.下述為會計人員可從事之行為：

　　　(A)以明知為不實之事項，而填製會計憑證或記入帳冊　(B)故意使應保存之會計

　　　憑證、會計帳簿報表滅失毀損　(C)偽造或變造會計憑證、會計帳簿報表內容或

　　　毀損其頁數　(D)依會計事項之經過，編製記帳憑證　　　　【丙級技術士檢定】

（　）8.關於簿記的敘述，下列敘述何者不正確？

　　　(A)以有規律、有系統的方法記載經濟活動，因而可以幫助檢討過去的經濟活動

　　　並預測未來　(B)可以幫助管理者進行決算、控制、策劃及考核　(C)是編製報表

　　　的依據　(D)可彈性運用一般公認會計原則

（　）9.學習簿記應該掌握的要點不包括下列何者？

　　　(A)溫故知新　(B)細心謹慎　(C)囫圇吞棗　(D)熟讀精思

（　）10.《商業會計法》第七十一條規定，商業負責人、主辦及經辦會計人員或依法受

　　　託代他人處理會計事務之人員以明知為不實之事項，而填製會計憑證或記入帳

　　　冊，依規定處：

　　　(A)新臺幣 6 萬元以上 30 萬元以下罰鍰　(B)新臺幣 10 萬元以上 20 萬元以下罰

　　　鍰　(C)五年以下有期徒刑、拘役或科或併科新臺幣 60 萬元以下罰金　(D)不用

　　　處罰

三、練習題

1.試將本學期自開學由家中出發到校之日起，至目前為止的一切個人收支帳目，開列清

　單，凡歷次由家中給予的款項，都列為收入，各項費用須按用途分別歸集，例如交通

　費共若干。收支相抵後的餘額，倘與開列清單當日的現金結存不符時，應再追憶及檢

　查收支項目有無遺誤，如已難查出不符的原因時，應將現金不符的數額，在清單之下

　註明。

2.試將最近十日的個人收支，按下列格式記載之：

現金收支簿

日 期		摘　　要	收　　入	支　　出	結　　存
月	日				

3.試按下列格式，記載一個月的家用帳：

日 期		摘　要	伙食	水電	居住	衣著	交通	保健	旅遊娛樂	書報雜誌	交際	捐獻	家常用品	零用	其他
月	日														

倘不易獲得家用帳的資料時，試以下列史伯平家 102 年 10 月份前十天的資料記入之。

10 月 1 日　購米五十公斤，每公斤 $60。

　　　　　　購菜蔬肉類、油及調味品、水果計 $500，俱列於伙食欄內。

　　　　　　付大兒、二兒及大女兒零用金各 $200，給三兒零用金 $100。

　　　　　　赴教會禮拜，奉獻 $50。

　　　　　　下午全家旅行赴郊外，計車資及雜用共 $500，入旅遊娛樂欄內。

　　2 日　付大兒加值悠遊卡 $300。

　　　　　　付伯平零用 $100。

　　3 日　購菜 $500。

　　　　　　修理皮鞋 $100，記入衣著欄。

　　　　　　大兒襯衫一件 $600。

　　4 日　購菜蔬，調味品，油及水果等 $400。

　　　　　　購肥皂粉，掃帚等家用品 $200。

　　　　　　取伯平所洗西服一套 $180。

5 日　付伯平同事婚禮 $1,200。

購伯平絲汗衫二件 $560。

付房租 $8,000，記入居住欄。

付火險及竊盜險保險費 $300，記入其他欄。

6 日　購菜蔬及油等伙食費 $100。

購毛巾，皮鞋油，牙膏等 $200。

購布料 $400，記入衣著欄。

付二兒及大女兒加值悠遊卡各 $300。

7 日　三兒感冒診治及醫藥費 $100，列入保健欄。

電視機修理費 $300，作為娛樂費用。

續訂周刊一年 $1,500，亦作為娛樂費用。

8 日　付大兒、二兒及大女兒零用金各 $200，給三兒零用金 $100。

付大兒濟助貧寒同學捐款 $20。

赴教會禮拜，奉獻 $50。

中午全家在外用膳 $600，列入其他欄。

購被單一條 $800，列入家常用品欄。

9 日　付電費 $800，列入水電欄。

付報紙日報及晚報各一，計 $20。

付伯平零用 $100。

付電話費 $137。

10 日　付洗衣及整潔女工 $600，列入其他欄。

購茶葉，肥皂，去污粉等 $200，列入家常用品欄。

購殺蟲噴霧劑一瓶 $80，記入保健欄。

Memo

單式簿記

🖋 第一節　單式簿記

我國《商業會計法》第十一條對於會計事項之記錄，規定要用雙式簿記 (Double-entry Bookkeeping) 方法。雙式簿記，我國通常稱為複式簿記。

十五世紀時，複式簿記已在義大利多處使用，但在我國，普遍採用複式簿記卻是近數十年的事。在未用複式簿記以前，都是採用單式簿記記帳，個人的現金收支帳和家庭的日用帳，就是單式簿記之類。小規模的工商業，常用單式簿記 (Single-entry Bookkeeping)，僅設置一本現金簿，以記載現金的收付，有的則添置備查簿或備忘的記載，以登記向他人借財物或將財物借予他人等事項及貨品的進出。

🖋 第二節　簡易簿記實例

榮泰商行，係王榮泰獨資開設，兼營批發與零售，登記資本額 $50,000。此節為求使讀者易於理解，先以單式簿記說明。

王榮泰於民國 102 年 1 月 1 日開設該行時，出資現金 $50,000，租得店面一處，每月租金 $1,000，先付後住，另須交存押金 $5,000（租金和押租，稅法規定要由租戶負責扣繳稅款。王君業已按照規定代扣代繳）。當即於 1 月 2 日購置貨櫃及貨架，計費 $5,000，小寫字檯一張計 $150，座椅四張共 $120，沙發二只共 $400，為新店開張宴請鄰居及重要往來客戶，交際用掉 $600，1 月 3 日購置帳簿三冊及原子筆共 $30，辦理營業登記，領用統一發票，連同往返車資 $200，包裝材料 $500，同時立即向味生公司賒進貨品 $20,000，並以現款購入貨品 $20,000，1 月 4 日正式開業後，發生以下各筆交易：

1/4	門市現售	$15,300
	向惠生行賒購貨品	10,000

1/5	付保險費全年	200
	付廣告費	200
	現銷	7,000
	賒銷予廣隆商行	2,000
1/6	向天豐行賒進貨品	10,000
	本日現銷	3,000
	付進貨運費	100
	付味生公司貨款一部份	10,000
	收廣隆商行交來貨款一部份	800

以上各筆的帳，記入帳冊如下：

榮　泰　商　行

現　金　收　支　簿　　　　第 1 頁

102年		摘　　要	現金收入		現金支出		現金餘額
月	日		銷貨	其他	進貨	其他	
1	1	收資本主王榮泰出資		$50,000.00			$50,000.00
	1	付房屋押租				$5,000.00	
	1	付本月份房租				1,000.00	44,000.00
	2	購置貨櫃貨架				5,000.00	
	2	購小寫字檯一張				150.00	
	2	購座椅四張				120.00	
	2	購沙發二只				400.00	
	2	交際費				600.00	37,730.00
	3	文具費：買帳簿三冊及原子筆				30.00	
	3	辦營業登記等費用				200.00	
	3	購包裝材料				500.00	37,000.00
	3	向味生公司現購			$20,000.00		17,000.00
	4	門市現售	$15,300.00				32,300.00
	5	付保險費				200.00	

	5	付廣告費				200.00	31,900.00
	5	現銷	7,000.00				38,900.00
	6	現銷	3,000.00				41,900.00
	6	付進貨運費				100.00	41,800.00
	6	付味生公司貨款			10,000.00		31,800.00
	6	收廣隆商行交來貨款	800.00				32,600.00

該商行另設應收帳款分戶簿及應付帳款分戶簿，其應收分戶帳記載如下：

廣 隆 商 行

地址： 新北市永和區永和路二段○○號

電話： (02)29922378　　　　　　　　　　第 1–1 頁

102 年		摘　　要	賒售金額	收現金額	餘　　額
月	日				
1	5	賒予味精及奶粉等，詳見發票	$2,000.00		$2,000.00
	6	收交來貨款		$800.00	1,200.00

其應付分戶帳，記載如下：

味 生 公 司

地址： 臺北市南京西路○○號

電話： (02)23548888　　　　　　　　　　第 1–1 頁

102 年		摘　　要	賒購金額	付現金額	餘　　額
月	日				
1	3	味精、奶粉、醬油、罐頭及醬菜等，詳見發票	$20,000.00		$20,000.00
	6	付貨款		$10,000.00	10,000.00

惠　生　行

地址：臺北市迪化街○○號

電話：(02)28644789

第 2-1 頁

102 年		摘　　要	賒購金額	付現金額	餘　　額
月	日				
1	4	賒入各項雜貨，詳見發票	$10,000.00		$10,000.00

天　豐　行

地址：臺北市迪化街○○號

電話：(02)27546388

第 3-1 頁

102 年		摘　　要	賒購金額	付現金額	餘　　額
月	日				
1	6	賒入各項雜貨，詳見發票	$10,000.00		$10,000.00

此時榮泰商行的帳簿目錄，可以記明如下：

榮　泰　商　行

帳　簿　目　錄

名　　稱	性質	啟用日期	停用日期	頁　　數			負責人員蓋章
				共計	已用	未用	
現金收支簿	日記簿	102.1.1		100			
應收分戶帳	明細帳	102.1.1		100			
應付分戶帳	明細帳	102.1.1		100			

其餘各欄，可待以後再填。將來添用帳簿時，可陸續記入。

🖋 第三節　簡易的記帳方法

上述的實例，是為了便於小型商業的記帳。小規模的商店，有時店主自兼記帳，或者記帳人員須同時照料店務，辦理內外雜務，因而記帳上便力求簡單便利。

現金收支簿，收與支相減後的餘額，可以每筆結計，也可以每日終了後結計，以與實存的現金相核對。如果發現現金不符，便需立即查核原因，可能有帳遺誤所致。

上例的現金收支簿，收入與支出都已分為二欄：

✦㈠收入方面

1. 銷貨欄專記銷貨現金的收入。賒銷的要到收到了現金，才記入銷貨欄。例如 1/6 收廣隆商行交來的貨款 $800，係 1/5 賒銷予廣隆商行。
2. 其他欄記載銷貨以外的現金收入，例如利息收入，借入款項，店主暫存，借出款項的收回，應收票據的到期兌現等。

✦㈡支出方面

1. 進貨欄專記付出現金的進貨，賒購的要到付出現金時才記入進貨欄，例如 1/6 付味生公司的貨款 $10,000，係 1/3 便已向味生公司賒購。
2. 其他欄記載進貨以外的各項現金支付。

賒銷與賒購事項發生時，並不立刻發生現金的收付，所以不立即記入現金簿內，而在應收分戶帳及應付分戶帳內，作備查的記載。直到發生了現金收付的時候，才記入現金簿內。

🖊 第四節　各種簡易簿記

簡易簿記，尚可按其繁簡，分為下列五種：

1. 單設一本現金簿者。
2. 設專欄式現金簿者。
3. 在現金簿之外，另有若干備查記載者。
4. 在專欄式現金簿之外，有應收應付及固定資產、存貨與費用等的明細備查簿者。
5. 在現金簿之外，將現金簿上的每筆記載，皆分別記入分類帳，將之分

類歸集者。

以上五種方法，繁簡不一，前面四種只有現金簿為主要帳簿；後一種則在現金簿之外，分類帳也成為主要帳簿。但不論是那一種，縱使登載得非常詳細，按照會計學的說法，都稱之為不完整的記錄 (Incomplete Records)，因為不能從簡易簿記直接編出合乎會計原則的損益表與資產負債表。其基本上的缺點，便在採用現金制 (Cash Basis)，記帳上以現金收付為主體。

🖊 第五節　現金制

現金制，亦稱現金收付制，以現金的收付，為記帳的主體，在收入現金或付出現金時，始行入帳。尚未發生現金收付的事項，只是做備查的記載，並不記入主要帳簿之內。

現金制在主要帳簿上只有現金收付的事項。而且：

1. 對外交易，收了錢就算銷貨，不管對方是否已取貨。
2. 向外進貨，付了錢就算進貨，不管是否已收到貨品。
3. 銷貨減了進貨，便算是銷貨毛利，不管進的貨是否全都銷掉，有無存貨留下。
4. 對外的支出，付了錢便算為費用，不管支出的目的為何，是否尚未耗用。現金制的損益公式是：

期末現金－期初現金＋資本主提用－資本主增投現金＝本期損益

「資本主」就是出資本的人。上例榮泰商行，由王榮泰獨自出資，他就是資本主。假使上例在 102 年 1 月 6 日結算損益，而店主並未向店中提款自用，也未向店中增投資金，因而其損益為：

$$\$32,600 - \$50,000 = -\$17,400$$

也就是說，開了店沒有幾天，已虧了 $17,400，達所投資本 $50,000 的 1/3 以上，可見現金制的不合理。

第六節　現金收支表

將榮泰商行這幾天記入帳內的事項，照現金簿整理而歸集起來，其收支的情形，有如下表：

榮　泰　商　行

現　金　收　支　表

民國 102 年 1 月 1 日至 1 月 6 日止

銷貨收入		$26,100	
資本主投資		50,000	
收入合計			$ 76,100
減：各項支出			
進貨		$30,000	
押租		5,000	
購置設備			
貨櫃貨架	$ 5,000		
小寫字檯	150		
座椅	120		
沙發	400	5,670	
各項費用			
租金支出	$ 1,000		
交際費	600		
營業登記及車資	200		
文具費	30		
包裝材料費	500		
保險費	200		
廣告費	200		
進貨運費	100	2,830	
支出合計			(43,500)
現金結存			$ 32,600

此表的各項費用，可以改為另編附表，使收支表的本身，可以較為簡明。編附表時，此表的各項費用部份將如下表達：

各項費用（詳見附表）　　2,830

另編各項費用明細表如下：

榮　泰　商　行

費　用　明　細　表

民國 102 年 1 月 1 日至 1 月 6 日止

租金支出（本月份）	$1,000
交際費	600
營業登記費	200
文具費	30
包裝材料費	500
保險費（全年）	200
廣告費	200
進貨運費	100
費用合計	$2,830

此時對於各項費用，亦可作較詳細的註明。

上面的現金收支表，一稱現金出納表，或收支對照表，也稱為現金收支彙總表或現金出納彙總表。如果單是一天的收支，則稱為現金日報或現金收支日報，定期的則按週者為週報，每十天者為旬報，按月者為月報。

✒ 第七節　現金制的損益表

將上面現金收支表內資本主投資的數目除去，便是現金制損益表的內容，有如下表：

榮 泰 商 行

損 益 表

民國 102 年 1 月 1 日至 1 月 6 日止

銷貨收入		$ 26,100
減：銷貨成本		(30,000)
銷貨毛損		$ (3,900)
減：各項費用：		
押租	$5,000	
設備	5,670	
營業費用	2,830	(13,500)
營業淨損		$(17,400)

　　損益表與資產負債表是主要報表，也是外部經常使用的報表，所以應該註明貨幣單位。現金收支表是供內部看的，所以貨幣單位註明或不註明都可以，本例營業淨損的數字，便是原投資金額 $50,000 與期末現金結存 $32,600 相差之數。

　　通常短短數日，並不需編製損益表，因為短期的損益表，不容易準確顯示究竟是盈是虧。例如榮泰商行，如果 1 月 7 日現銷 $10,000，而且沒有發生任何的支出，則到 1 月 7 日止的現金結存，便是 $32,600 + $10,000 = $42,600，而其純現金制的損益表，將成為：

榮 泰 商 行

損 益 表

民國 102 年 1 月 1 日至 1 月 7 日止

銷貨收入	$ 36,100
銷貨成本	(30,000)
銷貨毛利	$ 6,100
減：各項費用	(13,500)
營業淨損	$ (7,400)

如此損益便相差 $10,000。

📝 第八節　資產負債表

現金制除了結存的現金之外，別的支出都作為費用。事實上有許多的支出可用多年，例如以後可以收回的現金，如 $5,000 的押金（會計科目歸類為「存出保證金」，供作保證用之現金或其他資產）、客戶賒欠的貨款，或是可供長期營業使用，如購入的各項設備；另外還有支出的費用，是可供一段期間使用，像預付一年的保險費和包裝材料，並不會立即被耗用掉。此外，貨品還沒有賣掉的，將來可變成現金；貨品賒給別人，成為應收帳款，將來也可收回現金。這類可變成現金、可收回現金、可長期使用的設備，或未耗用而尚存留的物品，會計上都稱之為資產（Assets，簡寫為 A）。

另一方面，取了別人的貨品而尚未付款，或是向別人借錢周轉，會計上稱之為負債（Liabilities，簡寫為 L）。在第一章已經提及，簿記的工作包括編製資產負債表。用現金制的時候，資產負債表便無法由帳簿產生。所以只有極少數的小商業，和律師、醫生等自由職業及若干公益團體，採用現金制。資產負債表（簡稱資負表、平衡表）包括資產、負債及權益三部份，可由下面這個簡單的方程式表示：

$$資產 - 負債 = 權益 \qquad A - L = E$$

資本在會計上常稱為權益（Equities，簡寫為 E）❶。

上面這一公式，會計上常將之表示為：

$$資產 = 負債 + 權益 \qquad A = L + E$$

---

❶　其過去稱為業主權益 (Owners' Equities)，遵行 IFRS 之後，改稱為權益。

　　資產負債表是表示某一特定時日的財務現況。欲編製榮泰商行 102 年 1 月 6 日資產負債表的內容，首先從上例帳簿的記載，找出如下資訊：

資本:	投資	$50,000
資產:	現金	32,600
	押租	5,000
	應收帳款:	
	廣隆商行	1,200
	各項設備	5,670
	預付費用:	
	保險費	200　　（全年的保險，才過了幾天）
	包裝材料	尚存多少，需要盤點
	存貨	尚存多少，需要盤點
負債:	應付帳款:	
	味生公司	10,000
	惠生行	10,000
	天豐行	10,000

茲假定包裝材料及存貨經過盤點，尚存之數如下：

包裝材料	$　280
存貨	$38,000

此時可以編出如下的資負表：

榮　泰　商　行

資　產　負　債　表

民國 102 年 1 月 6 日

資產:	
現金	$32,600
應收帳款－廣隆商行	1,200
存貨	38,000

預付費用：		
保險費	$　　200	
包裝材料	280	480
生財設備		5,670
押租		5,000
資產合計		$82,950
負債：		
應付帳款：		
味生公司	$10,000	
惠生行	10,000	
天豐行	10,000	$30,000
負債合計		$30,000
權益：		
資本	$50,000	
營業淨利	2,950	
權益合計		$52,950
負債與權益合計		$82,950

　　資產負債表有幾個格式，這是資產－負債＝權益的格式。因而資產 $82,950－負債 $30,000＝權益 $52,950。但是資本原來出資是 $50,000，這多餘的數額 $2,950，便是營業淨利。這張表內，顯示榮泰商行從 1 月 1 日開業以來，到了 6 日為止，不是虧損 $17,400，而是有盈餘 $2,950。此時的損益表，如下所示：

榮　泰　商　行

損　益　表

民國 102 年 1 月 1 日至 1 月 6 日止

銷貨收入		$ 27,300
減：銷貨成本：		
進貨	$60,000	
加：進貨運費	100	
進貨成本	$60,100	

減：期末存貨	38,000	
銷貨成本		(22,100)
銷貨毛利		$ 5,200
減：費用：		
租金支出	$ 1,000	
交際費	600	
營業登記費及車資	200	
文具費	30	
包裝材料費	220	（另 $280，已列為資產）
廣告費	200	(2,250) （是應付而未付的費用，待下月初彙繳）
營業淨利		$ 2,950

　　進貨的運費，是與進貨有關的費用，所以歸類為進貨成本。

　　表上的營業淨利與資負表內的數字相同。這樣的損益表，當然比現金制的合理得多了。這是因為現金的收付，並不是都該列在損益表上的。有的現金付出的結果，尚該是資產列在資負表上，並不是列入損益表上的費用。

　　這類單式簿記，要從主要帳簿和備查帳簿去尋查編表的資料，極易疏漏，而且不容易發現錯誤。所以，雖然手續簡便，但一般的工商業，則用合於會計基本原理的雙式簿記。

習題

一、問答題

1. 我國《商業會計法》規定的簿記方式為何？

2. 現金簿收入部份分為銷貨欄與其他欄時，此兩欄各應分別記入什麼帳項？

3. 現金簿支出部份分為進貨欄與其他欄時，此兩欄各應分別記入什麼帳項？

4. 你知道有那些支出，會計上稱之為資產？

二、選擇題

（　　）1. 下列敘述何者錯誤？

　　　　(A)資產＝負債＋權益　(B)負債－權益＝資產　(C)資產－權益＝負債　(D)權益＝資產－負債

【丙級技術士檢定】

（　）2.我國《商業會計法》規定，要使用那一種簿記進行會計事項的記錄？

　　　(A)單式簿記　(B)複式簿記　(C)簡易簿記　(D)備查簿

（　）3.現金收付制是以何者作為記帳的主體？

　　　(A)銀行存款　(B)現金　(C)應收帳款　(D)負債

（　）4.下述關於現金收支簿的敘述何者不正確？

　　　(A)利息收入、租金收入、業主暫存等，記載在收入方面的其他欄項下　(B)每日可以透過現金收支簿結計現金，與實存的現金相核對　(C)賒銷不必等到收到現金才記入　(D)在支出方面，其他欄主要記載進貨以外的各項現金支付

（　）5.下列何者非現金收支表的別稱？

　　　(A)現金彙報　(B)收支對照表　(C)現金出納彙總表　(D)現金出納表

（　）6.關於「存出保證金」的定義下列何者正確？

　　　(A)為供作保證用之現金或其他資產，本企業將來可以收回　(B)預先支付以後分期認列為費用　(C)訂購商品所預先支付的訂金　(D)他人或其他企業繳存在本企業的現金或其他資產，作為保證之用途

（　）7.雨果有限公司於102年7月1日開業，相關收支如下：

　　　　　　　7月1日開業費5萬元、雜費1萬元

　　　　　　　7月5日進貨20萬元

　　　　　　　7月10日現銷12萬元

　　　　　　　7月15日現銷5萬元

　　　　　　　7月25日賒銷15萬元

　　　假設該公司在7月31日結算損益，在現金收付制下，其損益為何？

　　　(A)6萬元　(B)-9萬元　(C)3萬元　(D)-12萬元

（　）8.損益表結計的營業淨利（損），最後要轉入資產負債表的那一項下？

　　　(A)資產　(B)負債　(C)權益　(D)無需轉入

（　）9.資產負債表是表達那一個期間的財務狀況？

　　　(A)一個營業週期　(B)一天　(C)一個月　(D)開業至特定時日

（ ）10.現金收支表定期每十天出一報表，該報表稱作？

　　　　(A)日報　(B)週報　(C)旬報　(D)月報

三、練習題

1. 將本章榮泰商行 1 月 1 日至 6 日先後所編的兩張損益表，按下面的格式，作一比較，並在備註欄說明二者數額不同的原因。

榮　泰　商　行

損　益　表

民國 102 年 1 月 1 日至 1 月 6 日止

項　　目	按純現金制	按混合制	備　　註
銷貨收入			
銷貨成本			
銷貨毛利（損）			
各項費用：			
押租			
設備			
營業費用（詳附表）			
營業淨利（損）			

榮　泰　商　行

營　業　費　用　明　細　表

民國 102 年 1 月 1 日至 1 月 6 日止

項　　目	按純現金制	按混合制	備　　註
房租			
交際費			
營業登記費及車資			
文具費			
包裝材料費			
保險費			
廣告費			
進貨運費			
稅捐			
營業費用合計			

2. 設榮泰商行自 102 年 1 月 6 日以後，又發生下列各筆帳項：

1/7	現銷	$10,000
1/8	賒銷進益行，地址臺北市萬慶街○○號	2,000
	付惠生行貨款	5,000
	向惠生行賒購貨品	8,000
	地方公益捐款	20
	付印包裝紙袋	200
	現購清潔用品	15
	現購茶葉	10
1/9	收廣隆商行貨款	1,000
	賒銷廣隆商行	2,000
	賒銷六和行，地址臺北市安樂路○○號	1,500
	現銷	3,000
	雜費	100
	付味生公司貨款	5,000
	賒購味生公司貨品	8,000
1/10	付店員林智伶上半月薪資	300
	現銷	4,000
	收進益行貨款	1,000
	賒銷進益行	1,500
	付天豐行貨款	5,000
	賒進天豐行貨品	7,000

將上列各帳，分別記入現金簿及應收應付各分戶帳內，並將記載進益行的帳頁，編為第 2-1 頁，六和行編為第 3-1 頁。

現金簿作為記入第 2 頁，其第一行應記載如下：

1 月 7 日　　承前頁　　$32,600

3. 編製榮泰商行 102 年 1 月 1 日至 1 月 10 日止的現金收支彙總表。支出的項目內，清潔用品及茶葉可一併列入雜費之內。

4. 編製榮泰商行 102 年 1 月 1 日至 1 月 10 日止的損益表及 102 年 1 月 10 日的資產負債表。有關資料如下：

⑴存貨 $39,000。

⑵包裝材料尚存 $350（包括所印紙袋）。

⑶保險費以 $10 列在損益表的營業費用之內，其餘的 $190 列在資負表的預付費用之下。

第 三 章

雙式簿記

第一節 雙式簿記與借貸

上一章以單式簿記舉例，可用簡易的簿記登記帳務，並編出資產負債表和損益表，以達成簿記在記帳與編表這兩方面的重要任務。可是簡易的單式簿記，因為帳簿設置得不完備，帳務的記載便因此不完整，不但容易發生錯誤，而且，難以提供工商業的經營者、股東及債權人等充分的資料，以對經營的成果作研究分析與比較；而且難以隨時從帳簿顯示各項資產、負債的現況，以供改進與決定經營方針。

在上一章已經提到，會計上對於未用雙式簿記的帳務，不論記載得如何詳細，都稱之為不完整的記錄。簿記要充分完成它的功用，首需記錄完整。因而我國《商業會計法》第十一條，規定會計事項之記錄，應用「雙式簿記」方法為之。同法第十條規定，在平時採用現金收付制者，俟決算時，應照「權責發生制」予以調整。權責發生制就是將應收的和應付的，都正式記入帳內，所以也叫做「應計基礎」（Accrual Basis）。

雙式簿記在我國又稱為複式簿記，是用會計上基本的借貸原理，對每一筆帳，都分別列明借方（Debit Side，簡寫為 Dr）和貸方（Credit Side，簡寫為 Cr）。借方列在左方，貸方列在右方。按照借貸原理，任何一筆帳，「有借方必有貸方，而且借方與貸方的數額必然相等」，稱為借貸平衡。因而無論多少筆交易，彙集起來，或者經過整理之後，借方與貸方也必平衡。所以，借方與貸方恆相等，有如下面簡式所示：

一筆帳時	借方 = 貸方	$Dr = Cr$
多筆帳彙集時	借方總和 = 貸方總和	$\sum Dr = \sum Cr$
多筆帳整理以後	借方的和 = 貸方的和	$\sum Dr - x = \sum Cr - x$

✎ 第二節 現金收支與借貸

借方與貸方恆相等，是複式簿記的主要特點。表面看起來一面記過了，還要再記另一面，似乎是重複多事，可是這借貸平衡的結構，不論有多少萬筆的帳，仍屬必然平衡，借貸恆等。如果發現借貸兩不相等，便顯示其中已有錯誤，要查明改正了。

每筆帳都可以有借方與貸方。所以單式簿記所有記在現金簿內的各筆帳，也一樣可以列出借方和貸方。凡是現金收付的事項，現金便占據一方。在現金收入時，現金便在借方；在現金支出時，現金便在貸方。這時的借貸方，可以先看資產負債表的公式，並搭配 T 字帳 (T Account) 表示如下：

$$\frac{資產}{借+\ |\ 貸-} = \frac{負債}{借-\ |\ 貸+} + \frac{權益}{借-\ |\ 貸+}$$

這是一個雙方相等的方程式，會計上以左方為借方，右方為貸方。也就是資產的增加要記在借方，負債與權益的增加要記在貸方。

現金是資產，在上一章的資產負債表上，現金列為資產的第一項。當王榮泰出資 $50,000 開設榮泰商行時，這筆帳的借貸方便是：

```
102.1.1    借：  現金                    50,000
           貸：     資本─王榮泰                    50,000
                資本主王榮泰出資
```

由於資產增加 50,000 記在借方；權益增加 50,000 記在貸方，將此分錄以資負表的公式及 T 字帳表達如下，可發現資產恆等於負債加權益等於 50,000，且雙方借貸平衡。

$$\frac{資產}{50,000\ |} = \frac{負債}{\quad} + \frac{權益}{|\ 50,000}$$

第三節　借貸分錄

　　將借貸方以如上的方式列出來，在會計上稱為分錄 (Journalize; Journalization)，列明借貸的分錄，稱為借貸分錄 (Entry; Journal Entry)。這種分錄的格式，習慣上是：

1. 借方寫為「借:」。
2. 貸方寫為「貸:」。
3. 借貸二字後面的「:」不可省。
4. 列在借方的，稱為借方科目，列在貸方的，稱為貸方科目。
5. 借方科目，寫的時候，通常離開「借:」一個格子的距離。
6. 寫「貸:」的時候，通常比「借:」要縮進一個格子的距離。
7. 寫貸方科目的時候，通常比借方科目的第一個字，要縮進二個格子的距離。
8. 金額不要與借貸科目密結在一起，貸方的金額，要縮在借方金額之後。
9. 在借貸分錄之下，須加註說明，像上例的「資本主王榮泰出資」。說明 (Explanation) 通常比貸方科目伸出一格，比借方科目縮進一格。
10. 借貸分錄的日期，可寫在第一行的最左方或寫在借貸科目位置的上一行。同一日期，有數個分錄時，只要在第一個分錄列明日期便可。

　　通常在書籍上或在實務上，為了省便起見，借貸分錄通常不寫「借:」與「貸:」的字樣，此時貸方科目會較借方科目縮進二格或一格，以顯示借方與貸方，貨幣符號也常省略不用，說明更常不列出。但在初學之際，仍宜先行養成習慣，避免省略。

🖊 第四節　非現金的借貸

　　借貸原理可以用於任何一筆帳，現金收付的帳，與非現金收付的帳，都可列出借貸來。

　　在現金收付時，收入現金就是借方為現金，付出現金時，就是貸方為現金，所以現金的收與付，便是現金的借與貸。可是，這是因為借貸分錄的一方為現金，收與付並不代表是借貸，借與貸是分錄的左方與右方，要避免以收付二字代替借貸，以免有時觀念混淆，尤其在非現金的借貸時。

　　上章王榮泰在1月3日向味生公司進貨，計現購 $20,000，賒購 $20,000，其借貸分錄如下：

```
102.1.3    (1)借：    進貨              20,000
               貸：    現金                      20,000
                   向味生公司現購貨品
           (2)借：    進貨              20,000
               貸：    應付帳款—味生公司          20,000
                   向味生公司賒購貨品
```

　　第二個分錄便是非現金的借貸。在採用簡易的單式簿記時，只將上面第一個借貸分錄的帳，記入現金簿，對後面第二個分錄，卻只將貸方應付味生公司的 $20,000，記入應付帳款的備查簿，而對借方的進貨，便沒有記載，這就顯示單式簿記是不完整的記載。現購的貨品是進貨，賒購的貨品也是進貨，進貨是在借方得到了資產。現購的時候，是資產調換資產，在賒購時，是一方面得到資產，另一方面發生負債。

　　銷貨的時候，也是如此。榮泰商行1月5日現銷 $7,000，賒銷給廣隆商行 $2,000，可作借貸分錄如下：

102.1.5	(1)借：	現金	7,000	
	貸：	銷貨收入		7,000
		本日現銷		
	(2)借：	應收帳款－廣隆商行	2,000	
	貸：	銷貨收入		2,000
		賒銷臺北縣永和路二段○○號廣隆商行貨		

　　上章單式簿記的釋例中，只將現銷記入現金簿內，對於賒銷，只將借方的應收廣隆商行之數，記在應收客帳的分戶帳內。銷貨收入是列在損益表上的項目。如果賒銷不歸在銷貨收入之內，則損益表便不完整，損益的計算便不正確。所以簿記按照會計原理而記帳，便須使用雙式簿記，運用借貸原理，以使帳務完整。

🖊 第五節　資負與損益公式

　　單式簿記時的現金簿，只記載現金收支的各筆帳，不能將全部的帳都記入其中。小型工商業平日都用現金收付制，以求簡捷，但是簡捷而不完整，便不能發揮簿記應有的功能。

　　上一章雖然從單式簿記編出資負表和損益表來，可是一不小心，便易錯誤。例如在資產負債表上列出了應收帳款時，是根據應收帳款的分戶帳抄來的，這時候如果疏忽，沒有將對方的應收帳款加到銷貨收入上去，則不但損益表的計算不正確，而且損益表所算出來的淨利數字，將與資產負債表上的權益數額所結計出來的淨利不會相等。如果不等，便有錯誤。因為資產負債表公式為：

$$資產 = 負債 + 權益 \qquad A = L + E$$

　　開始營業之後，便因銷貨而有了收益（Revenues，簡寫為 R，表示收入

及利益）又有各項費損（Expenses，簡寫為 X，表示費用及損失）的產生。此時上一方程式，便變化為：

$$資產＝負債＋\underbrace{權益}_{登記資本＋收益－費損} \qquad A＝L＋\underbrace{E}_{P＋R－X}$$

經過一段時間而結算損益（Income，簡寫為 I），其公式為：

$$收益－費損＝損益 \qquad R－X＝I$$

所以，結算損益後的資產負債表公式，便成為：

$$資產＝負債＋\underbrace{權益}_{登記資本＋損益} \qquad A＝L＋\underbrace{E}_{P＋I}$$

🖊 第六節　由單式簿記調整為雙式簿記

由上可知，僅由單式簿記的記載，既不能直接產生資產負債表，更不能產生適切的損益表。這兩張表，雖然可從單式簿記中尋查資料而湊成，但是這樣的湊成，易有遺誤。例如第二章的例子中，保險費 \$200 在帳上業已列為支出，現在將之完全列在資負表的資產項下（即預付費用之下），如果損益表上，仍舊將之全列在營業費用之內，則損益表計算出來的淨利數額，要比資負表上的該數少 \$200 了。

單是一筆帳有一方面的遺誤，比較容易憑記憶或相互對照而查出。可是帳的筆數一多，常會有多筆帳各有遺誤，便無法憑藉記憶，也難以相互對照。

🖊 第七節　調整的方式

由單式簿記調整為雙式簿記，調整的方式有二：

1. 完全用編製借貸分錄的方法，將要調整的事項一一編出借貸分錄來。

2. 用工作底稿 (Work Sheet; Working Papers)，將各調整事項都列在工作底稿上。

簿記和會計的工作，常使用工作底稿。工作底稿的好處，是將所需調整的事項，都列在底稿上，便於查核有無遺誤。

茲將第二章榮泰商行1月6日止的實例，用調整底稿的方式，調整如下：第一步將現金簿上的收付數，列入工作底稿現金簿的二欄中，以本期期末的現金結存列為第一行，再由現金簿而整理出的現金收支表各數，列入工作底稿的現金簿借方與貸方。現金收入的項目列在貸方，現金支出的項目列在借方，並將期末的現金結存數列在借方：

榮　泰　商　行
工　作　底　稿
民國 102 年 1 月 1 日至 1 月 6 日止

項　　目	現金簿		調　整		調整後餘額	
	借方	貸方	借方	貸方	借方	貸方
現金	32,600					
銷貨收入		26,100				
資本		50,000				
進貨	30,000					
押租	5,000					
生財設備	5,670					
租金支出	1,000					
交際費	600					
營業登記費	200					
文具費	30					
包裝材料費	500					
保險費	200					
廣告費	200					
進貨運費	100					

在工作底稿上，金額的貨幣符號，可以省略不用。

第二步，將現金簿的借方與貸方各行結出總數來，借方的總數應該與貸方的總數相等，因為按照借貸相等的原理，雙方應該有如下的相等關係：

$$\underbrace{現金結存 + 現金付出}_{借方} = 現金收入 = 貸方$$

上二欄相加的結果如下：

⋮	⋮	⋮
進貨運費	100	
合　計	76,100	76,100

即兩欄合計數相等。編製現金收支表時，係表明下述的關係：

$$現金收入 - 現金付出 = 現金結存$$

這一關係，一經移項，便成了借貸相等的關係，即：

$$現金結存 + 現金付出 = 現金收入$$

所以，由現金簿的收支整理而編出現金收支表時，現金收支表的現金結存，必然要與現金簿上的實際結存相符。如果不符，便有錯誤。現金收支表既已與實際結存相符，則由現金收支表將現金收支項目，及現金結存之數，移到工作底稿上去時，借方與貸方必然相等，而且其借貸方的總數必然與現金收入的總數相同。

倘使在做調整工作之前，還沒有編製現金收支表，則須將現金簿上收支各項先行整理彙集，必須使整理後的現金收入，減現金付出，是與現金結存相符。如果不符，不是帳上的記載有誤，便是整理彙集的時候，數字有誤或計算有錯。

第八節　調整事項

第三步，列出需要調整的事項，可分為下列幾類。甲類是未記入現金簿上的事項，有如下列：

日期	事　　項	借貸分錄		
102.1.3	向味生公司賒進貨品 $20,000，後來已付一部份，至期末尚欠 $10,000	進貨	10,000	
		應付帳款—味生公司		10,000
1.4	向惠生行賒入貨品	進貨	10,000	
		應付帳款—惠生行		10,000
1.5	賒銷予廣隆商行 $2,000，已收一部份貨款，至期末尚欠 $1,200	應收帳款—廣隆商行	1,200	
		銷貨收入		1,200
1.6	向天豐行賒入貨品	進貨	10,000	
		應付帳款—天豐行		10,000

以上四筆，都可由備查的分戶帳查出，而且其中三筆，可以歸併成如下的分錄：

進貨		30,000	
	應付帳款—味生公司		10,000
	惠生行		10,000
	天豐行		10,000

乙類是在資負（A 及 L）與損益（X 及 R）之間，劃分清楚，在本例裡面，可以分為三部份。

★㈠第一部份

只要在編表的時候辨別清楚便可，例如：

1. 押租 $5,000 是資產，將來可以收回現金。

2. 各項設備 $5,670 是資產，可以使用多年。

✦㈡第二部份

要先確定其現況，例如存貨及包裝材料現在還存多少？在第二章該例裡面，從盤點結果可得在 1 月 6 日的結帳情形為：

包裝材料尚存 $280，已用了 $220

貨品尚存 $38,000

這些尚存的是資產 (A)，已用了的是費用 (X)，調整時：

借：　預付費用—包裝材料　　　　280
　貸：　　包裝材料費　　　　　　　　　280
借：　存貨　　　　　　　　38,000
　貸：　　進貨　　　　　　　　　　38,000

✦㈢第三部份

牽涉到處理的原則，會計上叫做會計事務處理準則。例如預付全年保險費，現在已過了幾天，這幾天應該負擔幾塊錢的保險費要不要算清楚？又如預付一個月的房租，現在才過了幾天，也要不要認列這幾天的房租支出？

榮泰商行這個例子，才開業沒有幾天，通常不必計算得太清楚，所以現在假定保險費全作為是資負表內的預付費用，這已過了的幾天，暫不計算保險費；同時假定已付本月的房租，全作為損益表內的營業費用。

前二類是對已經記錄的帳，作適當的處理，最後一類則是針對尚未列帳的作調整。例如已工作幾天的店員薪資，是應付而未付的費用，這一些將在以後「期末調整」這一章，詳細講述。

上面三類的調整事項，現在可以歸納如下：

⑴賒購進貨：

借：　進貨　　　　　　　　30,000
　貸：　　應付帳款—味生公司　　　　10,000
　　　　　　惠生行　　　　　　　　10,000
　　　　　　天豐行　　　　　　　　10,000

(2)賒銷：

借：	應收帳款─廣隆商行	1,200	
貸：	銷貨收入		1,200

(3)盤點用品結存：

借：	預付費用─包裝材料	280	
貸：	包裝材料費		280

(4)盤點存貨：

借：	存貨	38,000	
貸：	進貨		38,000

第九節　工作底稿

　　第四步，便將各調整事項列入工作底稿的調整欄，為便於查對起見，將每一調整事項加註一號碼或字母。因調整而增加的項目，可加列在後。有時不妨在原來項目間的空隙處湊入。

　　調整完畢後，須計算調整的借方與貸方總額，二者必須相等。

　　第五步，將現金簿欄與調整欄的金額相合，每一科目的金額，同是借方或同是貸方的相加，一借一貸的則相抵減，將加或減後的數額，列在「調整後餘額」欄內。沒有調整的加減者，便直接照列。例如第一行現金結存數便是直接照列。

　　這兩步驟完成後，這張工作底稿將成如下的情形：

榮　泰　商　行
工　作　底　稿
民國 102 年 1 月 1 日至 1 月 6 日止

項　　目	現金簿		調　整		調整後餘額	
	借方	貸方	借方	貸方	借方	貸方
現金	32,600				32,600	
銷貨收入		26,100		1,200(2)		27,300
資本		50,000				50,000
進貨	30,000		30,000(1)	38,000(4)	22,000	
押租	5,000				5,000	
生財設備	5,670				5,670	
租金支出	1,000				1,000	
交際費	600				600	
營業登記費	200				200	
文具費	30				30	
包裝材料費	500			280(3)	220	
保險費	200				200	
廣告費	200				200	
進貨運費	100				100	
合計	76,100	76,100				
應付帳款						
味生公司				10,000(1)		10,000
惠生行				10,000(1)		10,000
天豐行				10,000(1)		10,000
應收帳款			1,200(2)		1,200	
預付費用—包裝材料			280(3)		280	
存貨			38,000(4)		38,000	
合計			69,480	69,480	107,300	107,300

　　現在工作底稿上，調整後餘額業已相等，表明加減計算上數額沒有弄錯，便可進一步由調整後的餘額欄編製資負表和損益表了。

　　有時只為編製資負表與損益表而作調整，平時為了簡易起見，仍用現金

收付制，則只需利用工作底稿的調整欄作調整即可，並在工作底稿下面註明調整的事項，不必另作借貸分錄，以資簡捷。

根據調整後的餘額，便可編出雙式簿記按照權責發生制編製的資產負債表和損益表了。

一、問答題

1. 單式簿記有什麼重要的缺點？

2. 我國《商業會計法》，對於簿記方法，有什麼重要的規定？

3. 借貸原理的要點是什麼？

4. 借貸平衡的結構，有什麼顯著的優點？

5. 試列出資產負債表與損益表的各個公式。

6. 簡述借貸分錄習慣上的格式。

7. 收付是不是就是借貸？榮泰商行王榮泰出資 $50,000 時，列為收現金付資本，適當不適當？

8. 試任意列出四個資產科目與二個負債科目。

9. 工作底稿上「調整後餘額」的兩欄，是否數額必然相等？

10. 假使你現在主持一個小規模的企業，或是由你負責這個小規模企業的帳務，則你主張用那一種簿記方式？單式簿記、雙式簿記，還是平時為單式簿記，結帳時調整為雙式簿記？

二、選擇題

（　）1. 負債為資產之半數少 $8,000，淨值為負債之 1.5 倍，則淨值金額為：

　　　(A) $48,000　(B) $8,000　(C) $64,000　(D) $80,000　　　【丙級技術士檢定】

（　）2. 下列何項交易將使權益增加？

　　　(A)償還帳款　(B)預收下年度房租　(C)代收稅款　(D)現銷商品

【丙級技術士檢定】

（　）3.預收收益已過期的部份為:

　　(A)資產　(B)負債　(C)收益　(D)費損　　　　　　　　【丙級技術士檢定】

（　）4.某一會計事項期末應調整而未調整，其結果為:

　　(A)不影響資產負債表及損益表的正確性　(B)僅使資產負債表不正確　(C)僅使
　　損益表不正確　(D)使資產負債表與損益表均不正確　　　　【丙級技術士檢定】

（　）5.期末調整之目的在於:

　　(A)使損益比較好看　(B)增加業主的利益　(C)使各期損益公允表達　(D)減少業
　　主的損失　　　　　　　　　　　　　　　　　　　　　　　【丙級技術士檢定】

（　）6.期末修正帳載金額之分錄是:

　　(A)開業分錄　(B)開帳分錄　(C)調整分錄　(D)結帳分錄　　【丙級技術士檢定】

（　）7.下述關於雙式簿記的敘述何者正確?

　　(A)僅記錄交易事項發生之原因或結果之一者的記帳方式　(B)無法表達交易事
　　實的全貌為缺點，簡單、易懂為其優點　(C)無法展現交易事實的全貌　(D)為建
　　立均衡性的表達，對每一交易事項發生所涉及的各科目，均詳加記錄其因果關
　　係的記帳方式　　　　　　　　　　　　　　　　　　　　　【丙級技術士檢定】

（　）8.下列敘述何者正確?

　　(A)資產的增加要記在貸方　(B)負債的減少要記在貸方　(C)權益的增加要記在
　　貸方　(D)淨利為負時，將使得資產減少

（　）9.假若企業發生虧損時，會計恆等式會出現何種情況?

　　(A)資產大於負債加權益　(B)資產小於負債加權益　(C)依然相等　(D)不一定

（　）10.假若企業採用權責基礎制，於 102 年 9 月 1 日預付一年期保險費 $12,000，入
　　帳分錄為借: 預付保險費 $12,000，貸: 現金 $12,000，則期末應如何調整?
　　(A)借: 保險費 $4,000，貸: 預付保險費 $4,000　(B)借: 保險費 $8,000，貸: 預
　　付保險費 $8,000　(C)借: 預付保險費 $4,000，貸: 保險費 $4,000　(D)不必作
　　調整分錄

三、練習題

1. 試就下列事項為知新行作借貸分錄:

   (1)陸知新出資現金 $100,000 開設知新行。

   (2)現金進貨 $50,000。

   (3)向東南公司進貨 $40,000，言明十日後付款。

   (4)現銷 $45,000。

2. 試就下列事實，代固本商行作借貸分錄:

   (1)張誠出資 $200,000 開設固本商行。

   (2)向榮生公司進貨 $150,000，一半立即付予現款，一半暫欠。

   (3)現銷 $50,000。

   (4)樂山行前來進貨，售予 $30,000，當即收到現金 $10,000。

3. 圓山商店開張三日內，有下列帳務，試作借貸分錄:

   (1) 102 年 7 月 1 日，趙蒙恩獨資以現金 $20,000 開設本行，同日向惠生行進貨 $18,000，先付現款六成。

   (2) 1 日現銷 $2,000，付文具 $20，付雜支 $20。

   (3) 2 日現銷 $3,000，賒銷予鄰近住戶張先生 $100，王太太 $80。

   (4) 3 日現銷 $2,000，賒銷予劉先生 $150，陸太太 $100，又向惠生行進貨 $6,000，付予現款 $4,000。

4. 試按第二章練習題 2 及 4 的資料，編製榮泰商行 102 年 1 月 1 日至 1 月 10 日止的工作底稿。

5. 天惠行於民國 102 年 1 月初開設，以下是該行 1 月份的現金收支表:

天　惠　行
現　金　收　支　表
民國 102 年 1 月 1 日至 1 月 31 日止

現金收入：
　資本　　　　　　　　　　　　　　　　$ 100,000
　銷貨收入　　　　　　　　　　　　　　　 82,000
　　收入合計　　　　　　　　　　　　　$ 182,000
現金支出：
　進貨　　　　　　$100,000
　押租　　　　　　 10,000
　租金支出　　　　　1,000
　生財設備　　　　　6,000
　交際費　　　　　　 400
　文具費　　　　　　 100
　包裝材料費　　　　 400
　稅捐　　　　　　　 400
　保險費　　　　　　 480
　店員薪津　　　　 1,600
　水電費　　　　　　 200
　伙食費　　　　　　 700
　印刷費　　　　　　 500
　同業公會會費　　　 200
　雜費　　　　　　　 500
　　支出合計　　　　　　　　　　　　　(122,480)
　現金結存　　　　　　　　　　　　　　$　59,520

該行 1 月底時，查有應收帳款及應付帳款如下：

應收帳款　　$15,000
應付帳款　　 12,000

費用之中，印刷費所印本行貼紙及包裝紙袋，尚存 8/10，保險費係預付全年，本月為第一個月，尚餘十一個月之數 $440，為預付費用，期末尚有存貨 $25,000。

試按以上資料，作天惠行該月份的工作底稿，以求出調整後餘額。

Memo

會計科目

🖊 第一節　概　述

在作借貸分錄時，所用的借方科目和貸方科目，都是會計科目。在工作底稿所用的項目，也是會計科目。

我們記帳時，榮泰商行所購入的寫字檯、座椅、沙發及貨櫃貨架，不論在單式簿記或複式簿記，都綜合稱之為生財設備，所以會計科目有將同性質的帳歸集在一起的功用。

會計科目是為了便於分類歸集，而將所有的科目分類排列在一起，便是會計科目表 (Classification of Accounts)，也就是帳目的分類表。

科目的分類，如果分得太細，則會產生很多科目。例如地價稅和房屋稅，如果分開便成二個科目，併在一起則都是稅捐，可用「稅捐」一個科目表示。又如茶葉和清潔用品，分開可以成為二個科目，併起來便可用「雜支」或「雜費」一個科目。

🖊 第二節　報表與借貸科目

簿記的工作，不但要記帳，還要進而編製報表。記帳的時候，用會計科目以使各筆帳易於分類歸集，到了編表的時候，更需要將有關的會計科目歸集起來。前三章已經提到三種報表，即：

　1.現金收支表。

　2.資產負債表。

　3.損益表。

現金收支表主要是內部自己看的，而資產負債表與損益表，則常需對外造送，這些表都要根據帳簿產生。帳簿是按會計科目記載的，所以，這些報表上的項目也是按照會計科目的。

上一章已經提到各表的計算公式，那些公式，也可按借貸科目表示：

現金收支表的公式是：

✦㈠在沒有期初結存現金時

$$現金收入 - 現金支出 = 現金結存$$

意即：

$$現金收入的對方科目數額 = 現金支出的對方科目數額 + 現金結存$$
$$（貸方科目）\qquad\qquad（借方科目）\qquad（借方科目）$$

✦㈡在有期初結存現金時

$$期初現金 + 現金收入 - 現金支出 = 現金結存$$

意即：

$$本期現金收入 - 本期現金支出 = 現金結存增減數$$

在收入多於支出時：

$$貸方大於借方，現金結存增加$$

意即：

$$貸方科目 = 借方科目 + 現金科目借方增加$$

在支出多於收入時：

$$貸方小於借方，現金結存減少$$

意即：

$$貸方科目 + 現金科目減少（貸方） = 借方科目$$

資產負債表的公式是：

$$資產 \quad = \quad 負債 \quad + \quad 權益 \quad \begin{cases} 資本 \\ + \\ 淨利 \end{cases}$$
$$（借方科目）\quad（貸方科目）\quad（貸方科目）$$

損益表的公式是：

$$收益 \quad - \quad 費損 \quad = \quad 淨利$$
$$（貸方科目）\quad（借方科目）\quad（貸方科目）$$

淨利是損益表上貸方大於借方的結果，反之，損益表上借方大於貸方的結果為淨損。淨利（損）皆歸入資負表內的權益項下。

從上面公式所顯示的借方科目與貸方科目，我們可以歸納如下：

借方科目	貸方科目
現金支出項目	現金收入項目
資產	負債
費損	權益
	收益

這裡所列的借方科目，簿記上稱之為借方餘額科目，貸方科目稱之為貸方餘額科目。一個科目，在寫入分錄的時候，有時候在借方，有時候在貸方，到了編報表的時候，這一科目借貸相抵的餘額是在借方，便是借方餘額科目。例如榮泰商行賒銷給廣隆商行的分錄如下：

⑴賒銷時：

借： 應收帳款—廣隆商行　　　　2,000
貸： 　銷貨收入　　　　　　　　　　　2,000

(2)廣隆商行付來貨款一部份：

借：　現金　　　　　　　　　　　800
　　　貸：　應收帳款—廣隆商行　　　　　　　800

借貸相抵，尚應收廣隆商行 $1,200，這是在借方的餘額，稱之為借方餘額科目，以 T 字帳表達如下：

應收帳款—廣隆商行

2,000	800
1,200	

第三節　由科目歸集編製報表

報表的編製，可以說是將帳上已經整理的會計科目，按報表的公式予以歸集。上一章榮泰商行已調整後的餘額欄各會計科目，可以按公式歸集如下：

將榮泰商行有關收益及費損項下各會計科目餘額代入損益表公式：

收益		−	費損		=	淨利	
銷貨收入	$27,300		進貨	$22,000		淨利	$2,950
			進貨運費	100			
			租金支出	1,000			
			交際費	600			
			營業登記費	200			
			文具費	30			
			包裝材料費	220			
			廣告費	200			
				$24,350			
在貸方欄內			在借方欄內			貸大於借的結果	

將榮泰商行有關資產、負債及權益項下各會計科目餘額代入資產負債表公式：

資產		=	負債		+	權益	
現金	$32,600		應付帳款:			資本 $50,000 + 淨利 $2,950	
應收帳款	1,200		味生公司	$10,000			
存貨	38,000		惠生行	10,000			
預付費用	480 (包括保險費 $200)		天豐行	10,000			
生財設備	5,670						
押租	5,000						
	$82,950	=		$30,000	+	$52,950	
	在借方欄內			在貸方欄內		損益表借貸方的結果	

　　資負與損益二表的內容，由調整後餘額的借方欄與貸方欄內歸集之後，便可編出資產負債表與損益表。

　　平時如果要明白損益的情況與資產的現狀，可以不必正式結帳，從上面所示科目的分類歸集便可瞭解，這是雙式簿記優於單式簿記之處，因為單式簿記所記的帳不夠完整，便不易從帳上按會計科目而歸集出資負與損益表的內容。

🖊 第四節　科目攤列表

　　由已調整後的餘額欄，可按資產負債表與損益表的公式而歸集。但在實務上，為了避免歸集時的遺漏項目與數字抄錄的錯誤，常用下述二種方式：

1. 將工作底稿延長一部份，加添損益表借方貸方二欄及資負表借方貸方二欄，以資歸集。
2. 另編科目攤列表 (Spread Sheet)。

　　前一方式，以後在討論正式結帳時，將另有詳例，茲將後一方式，舉例如下：

榮　泰　商　行
科　目　攤　列　表
民國 102 年 1 月 6 日調整後

會計科目	調整後餘額		損益表		資負表	
	借方	貸方	借方	貸方	借方	貸方
現金	32,600 00				32,600 00	
銷貨收入		27,300 00		27,300 00		
資本		50,000 00				50,000 00
進貨	22,000 00		22,000 00			
押租	5,000 00				5,000 00	
生財設備	5,670 00				5,670 00	
租金支出	1,000 00		1,000 00			
交際費	600 00		600 00			
營業登記費	200 00		200 00			
文具費	30 00		30 00			
包裝材料費	220 00		220 00			
保險費	200 00				200 00	
廣告費	200 00		200 00			
進貨運費	100 00		100 00			
應付帳款		30,000 00				30,000 00
應收帳款	1,200 00				1,200 00	
預付費用	280 00				280 00	
存貨	38,000 00				38,000 00	
合計	107,300 00	107,300 00	24,350 00	27,300 00		
本期淨利			2,950 00			2,950 00
合計			27,300 00	27,300 00	82,950 00	82,950 00

　　這張表在調整後餘額的各會計科目之外，添出了本期淨利這一科目，因為科目分別歸集的結果，在損益類的科目中，現在貸方大於借方，便產生本期淨利。這一數額，按照借貸相等原理，將其借方列在損益表的借方欄，還須將其貸方列到資負表的貸方欄。本期淨利的數額列上之後，損益表的借貸兩欄便相等，資產負債表的兩欄也必須相等。如果不相等，便是表列科目或金額有了錯誤。

第五節　編製報表時的科目歸併

損益表與資產負債表的內容，業已按照會計科目而確定之後，正式編製報表的時候，有時尚需將有關的科目歸併，以使內容更為顯明。也可透過歸併進而編製簡明的報表。

以上述榮泰商行為例，可有如下的歸併：

損益表內：進貨
　　　　　進貨運費⎫歸併為銷貨成本

　　　　　各項費用⎫歸併為營業費用

資產負債表內：現金
　　　　　　　應收帳款
　　　　　　　存貨
　　　　　　　預付費用（預付的保險費，歸併入預付費用）⎫歸併為流動資產

　　　　　　　應付帳款
　　　　　　　應付稅捐⎫歸併為流動負債

歸併的結果，可以編出簡明的損益表與資產負債表如下：

榮　泰　商　行

簡　明　損　益　表

民國 102 年 1 月 1 日至 1 月 6 日止

銷貨收入	$27,300
減：銷貨成本	(22,100)
銷貨毛利	$ 5,200
減：營業費用	(2,250)
本期淨利	$ 2,950

榮　泰　商　行

簡　明　資　負　表

民國 102 年 1 月 6 日

資　　產		負債及權益	
流動資產	$72,280	流動負債	$30,000
生財設備	5,670	資本	50,000
押租	5,000	本期淨利	2,950
資產合計	$82,950	負債及權益合計	$82,950

　　這張資負表按照資產＝負債＋權益的公式，在借貸雙方分列。這種方式會計上稱之為帳戶式，我國習慣上，以用此一方式者居多。

🖊 第六節　會計科目表

　　雙式簿記以借貸分錄為基礎，由借貸分錄確定每一筆帳的借方與貸方的會計科目，然後記入帳簿。為便於借貸分錄使用會計科目，一個記帳的機構，需要先編出一張會計科目表。

　　公營事業與政府機構，在該會計制度內，也訂定所用的會計科目。一般的營利事業，除有關主管機關另有規定者外，須依照我國經濟部所頒布的《商業會計處理準則》中所訂定的會計科目辦理。照該準則，以榮泰商行這個實例，連同第二章練習題 4 至 1 月 10 日止所有已發生的各筆帳，須使用下列的科目：

資產：

　　現金

　　應收帳款

　　存貨

　　預付款項（預付費用包括在此科目之內）

　　機（器）具及設備（生財設備包括在此科目之內）

存出保證金（押租包括在此科目之內）

負債：

應付帳款

應付費用（應付稅捐包括在此科目之內）

權益：

資本

本期損益

收入：

銷貨收入

支出：

銷貨成本

營業費用，已使用下列各科目：

薪資支出

文具用品費

印刷費

交際費

保險費

廣告費

運費（主要是銷貨運費，進貨運費則認列為銷貨成本）

稅捐

租金支出

自由捐贈

雜費

第七節　會計科目的歸類編號

會計科目表上，常將類似的科目歸為一類，分為大類 (Major Caption)、小類 (Minor Caption)。同時也常使用編號 (Code)，由號碼便可看出屬於那一類那一目。使用機器記帳時，更常利用編號，以節省時間。

科目的基本作用，是為了便於帳務的分類歸集整理，所以每一科目，通常附有簡明的解釋。茲將經濟部商業司公布的「會計科目中英文對照及編碼」中所訂定的會計科目名稱、分類、編號及簡要的解釋，列在下面，其中有些科目，名稱已經很明顯，便不加附解釋。同時加綴適當的英文名稱，以便參考。

1 資產　Assets

　11～12 流動資產　Current Assets：是現金、短期投資及其他在正常業務程序中，於營業週期或一年內，可變現或耗用的資產。

　　111 現金及約當現金　Cash and Cash Equivalents：包括庫存現金、銀行存款及週轉金、零用金等，不包括已指定用途或依法律或契約受有限制者。

　　　1111 庫存現金　Cash on Hand

　　　1112 零用金／週轉金　Petty Cash/Revolving Funds

　　　1113 銀行存款　Cash in Banks：指存在銀行的活期往來存款。

　　　1114 定期存款　Deposits Accounts

　　　1115 可轉讓定存單　Negotiable Certificate of Deposits

　　　1116 在途現金　Cash in Transit

　　　1117 約當現金　Cash Equivalents

　　　1118 其他現金及約當現金　Other Cash and Cash Equivalents

　　112 短期投資　Short-term Investments：隨時可以變現的有價證券，及其他因為資金一時不需動用而購入以增加企業獲利的財物。

　　　1121 公平價值變動列入損益之金融資產　Financial Assets at Fair Value through Income Statement

1122 備供出售金融資產　Financial Assets in Available-for-Sale

1123 持有至到期日金融資產　Financial Assets in Held-to-Maturity

1129 金融資產評價調整　Adjustments for Change in Value of Investments

113 應收票據　Notes Receivable

　1131 應收票據　Notes Receivable

　1132 應收票據貼現　Discounted Notes Receivable

　1137 應收票據─關係人　Notes Receivable─Related Parties

　1138 其他應收票據　Other Notes Receivable

　1139 備抵呆帳─應收票據　Allowance for Uncollectible Accounts─Notes Receivable

114 應收帳款　Accounts Receivable

　1141 應收帳款　Accounts Receivable

　1142 應收分期帳款　Installment Accounts Receivable

　1147 應收帳款─關係人　Accounts Receivable─Related Parties

　1149 備抵呆帳─應收帳款　Allowance for Uncollectible Accounts─Accounts Receivable

118 其他應收帳款　Other Receivable

　1184 應收收益　Earned Revenue Receivable：這科目與應付費用相類似，到結帳的時候，對於費用，要計算尚有什麼應付的；對於收益，也要計算尚有什麼應收的。在以後討論「期末調整」時，將詳加說明。

　1185 應收退稅款　Income Tax Refund Receivable

　1187 其他應收款─關係人　Other Receivable─Related Parties

　1188 其他應收款─其他　Other Receivable─Others

　1189 備抵呆帳─其他應收款　Allowance for Uncollectible Accounts─Other Receivable

121～122 存貨　Inventory

　1211 商品存貨　Merchandise Inventory

　1212 寄銷商品　Consigned Goods

　1213 在途商品　Merchandise in Transit

　1219 備抵存貨跌價損失　Allowance to Reduce Inventory to Market

　1221 製成品　Finished Goods

　1222 寄銷製成品　Consigned Finished Goods

1223 副產品　By-Products

1224 在製品　Work in Process

1225 委外加工　Work in Process─Outsourced

1226 原料　Raw Materials

1227 物料　Supplies

1228 在途原物料　Materials and Supplies in Transit

1229 備抵存貨跌價損失　Allowance to Reduce Inventory to Market

125 預付費用　Prepaid Expenses：預付費用包括預付薪資、租金、保險費、用品盤存、所得稅及其他預付費用等，能在一年或一個營業週期內消耗者。

1251 預付薪資　Prepaid Payroll

1252 預付租金　Prepaid Rents

1253 預付保險費　Prepaid Insurance

1254 用品盤存　Office Supplies

1255 預付所得稅　Prepaid Income Tax

1258 其他預付費用　Other Prepaid Expenses

126 預付款項　Prepayments：指預為支付之各項成本或費用。但因購置固定資產而依約預付之款項及備供營業使用之未完工程營造款，應列入固定資產項下。

1261 預付貨款　Prepayment for Purchases

1268 其他預付款項　Other Prepayments

128～129 其他流動資產　Other Current Assets：指不能歸屬於前述各款之流動資產。

1281 進項稅額　Prepaid Sales Tax

1282 留抵稅額　Overpaid Sales Tax

1283 暫付款　Temporary Payments

1284 代付款　Payment on Behalf of Others

1285 員工借支　Advances to Employees

1286 存出保證金　Refundable Deposits

1287 受限制存款　Restricted Deposits

1291 遞延所得稅資產　Deferred Income Tax Assets (Current)

1292 遞延兌換損失　Deferred Foreign Exchange Losses

1293 業主（股東）往來　Owners' (Stockholders') Current Accounts

1294 同業往來　Trades' Current Account

1298 其他流動資產－其他　Other Current Assets－Others

13 基金及長期投資　Funds and Long-term Investments

131 基金　Funds：指專款提撥及存儲現金以作特定用途者，例如為償還債務，改良或擴充固定資產。

1311 償債基金　Redemption Fund (or Sinking Fund)

1312 改良及擴充基金　Fund for Improvement and Expansion

1313 意外損失準備基金　Contingency Fund

1314 退休基金　Pension Fund

1318 其他基金　Other Funds

132～134 長期投資　Long-term Investments：為營業目的或獲取控制權所為之投資，及因理財目的所購入無公開市場之股票、一年或一個營業週期以後方能兌現之債券及不動產投資屬之。

1321 公平價值變動列入損益之金融資產－非流動　Financial Assets at Fair Value through Income Statement－Noncurrent

1322 備供出售金融資產－非流動　Financial Assets in Available-for-Sale－Noncurrent

1323 持有至到期日金融資產－非流動　Financial Assets in Held-to-Maturity－Noncurrent

1325 以成本衡量之金融資產－非流動　Financial Assets at Cost－Noncurrent

1329 金融資產評價調整　Adjustments for Change in Value of Investments

1331 採權益法之長期股權投資　Long-term Investments at Equity

1341 長期不動產投資　Long-term Real Estate Investments

1345 人壽保險現金解約價值　Cash Surrender Value of Life Insurance

1349 其他長期投資　Other Long-term Investments

14～15 固定資產　Fixed Assets

141 土地　Land：指營業上使用之土地及具有永久性之土地改良。

1411 土地　Land

1417 土地－重估增值　Land－Revaluation Increments

1419 累計減損－土地　Accumulated Impairment－Land

142 土地改良物　Land Improvements

1421 土地改良物　Land Improvements

1427 土地改良物－重估增值　Land Improvements－Revaluation Increments

1428 累計折舊－土地改良物　　Accumulated Depreciation－Land Improvements

1429 累計減損－土地改良物　　Accumulated Impairment－Land Improvements

143 房屋及建築　　Buildings

  1431 房屋及建築　　Buildings

  1437 房屋及建築－重估增值　　Buildings－Revaluation Increments

  1438 累計折舊－房屋及建築　　Accumulated Depreciation－Buildings

  1439 累計減損－房屋及建築　　Accumulated Impairment－Buildings

144～146 機（器）具及設備　　Machinery and Equipment

  1441 機（器）具　　Machinery

  1447 機（器）具－重估增值　　Machinery－Revaluation Increments

  1448 累計折舊－機（器）具　　Accumulated Depreciation－Machinery

  1449 累計減損－機（器）具　　Accumulated Impairment－Machinery

151 租賃資產　　Leased Assets

  1511 租賃資產　　Leased Assets

  1518 累計折舊－租賃資產　　Accumulated Depreciation－Leased Assets

  1519 累計減損－租賃資產　　Accumulated Impairment－Leased Assets

152 租賃權益改良　　Leasehold Improvements

  1521 租賃權益改良　　Leasehold Improvements

  1528 累計折舊－租賃權益改良　　Accumulated Depreciation－Leasehold Improvements

  1529 累計減損－租賃權益改良　　Accumulated Impairment－Leasehold Improvements

156 未完工程及預付購置設備款　　Construction in Progress and Prepayments for Equipment

  1561 未完工程　　Construction in Progress

  1562 預付購置設備款　　Prepayments for Equipment

  1569 累計減損－未完工程　　Accumulated Impairment－Construction in Progress

158 雜項固定資產　　Miscellaneous Property, Plant, and Equipment

  1581 雜項固定資產　　Miscellaneous Property, Plant, and Equipment

  1587 雜項固定資產－重估增值　　Miscellaneous Property, Plant, and Equipment－Revaluation Increments

  1588 累計折舊－雜項固定資產　　Accumulated Depreciation－Miscellaneous Property, Plant, and Equipment

1589 累計減損－雜項固定資產　Accumulated Impairment－Miscellaneous Property, Plant, and Equipment

16 遞耗資產　Depletable Assets

161 遞耗資產　Depletable Assets：指資產價值將隨開採、砍伐或其他使用方法而耗竭之天然資源。

1611 天然資源　Natural Resources

1617 天然資源－重估增值　Natural Resources－Revaluation Increments

1618 累計折耗－天然資源　Accumulated Depreciation－Natural Resources

1619 累計減損－天然資源　Accumulated Impairment－Natural Resources

17 無形資產　Intangible Assets：無實體存在，而具經濟價值的資產。

171 商標權　Trademarks

1711 商標權　Trademarks

1717 商標權－重估增值　Trademarks－Revaluation Increments

1719 累計減損－商標權　Accumulated Impairment－Trademarks

172 專利權　Patents

1721 專利權　Patents

1727 專利權－重估增值　Patents－Revaluation Increments

1729 累計減損－專利權　Accumulated Impairment－Patents

173 特許權　Franchise

1731 特許權　Franchise

1739 累計減損－特許權　Accumulated Impairment－Franchise

174 著作權　Copyright

1741 著作權　Copyright

1749 累計減損－著作權　Accumulated Impairment－Copyright

175 電腦軟體　Computer Software Cost

1751 電腦軟體　Computer Software Cost

1758 累計攤銷－電腦軟體　Accumulated Amortization－Computer Software Cost

1759 累計減損－電腦軟體　Accumulated Impairment－Computer Software Cost

176 商譽　Goodwill

1761 商譽　Goodwill

1769 累計減損－商譽　Accumulated Impairment－Goodwill

178 其他無形資產　Other Intangibles Assets

1781 遞延退休金成本　Deferred Pension Cost

1782 租賃權益改良　Leasehold Improvements

1788 其他無形資產－其他　Other Intangible Assets－Others

1789 累計減損－其他　Accumulated Impairment－Others

18 其他資產　Other Assets

181 遞延資產　Deferred Assets：指已發生之支出，其效益超過一年，應由以後各期
　　　　　　　　負擔者。

1811 遞延債券發行成本　Deferred Bond Issuance Cost

1812 長期預付租金　Long-term Prepaid Rent

1813 長期預付保險費　Long-term Prepaid Insurance

1814 遞延所得稅資產　Deferred Income Tax Assets

1815 預付退休金　Prepaid Pension Cost

1818 其他遞延資產　Other Deferred Assets

182 閒置資產　Idle Assets

184 長期應收票據及款項與催收帳款　Long-term Notes, Accounts and Overdue
　　　　　　　　　　　　　　　　　Receivable

1841 長期應收票據　Long-term Notes Receivable

1842 長期應收帳款　Long-term Accounts Receivable

1843 催收帳款　Overdue Receivable

1847 長期應收票據及款項與催收帳款－關係人　Long-term Notes, Accounts and
　　　　　　　　　　　　　　　　　　　　Overdue Receivable－Related
　　　　　　　　　　　　　　　　　　　　Parties

1848 其他長期應收款項　Other Long-term Receivable

1849 備抵呆帳－長期應收票據及款項與催收帳款　Allowance for Uncollectible
　　　　　　　　　　　　　　　　　　　　　Accounts－Long-term Notes,
　　　　　　　　　　　　　　　　　　　　　Accounts and Overdue
　　　　　　　　　　　　　　　　　　　　　Receivable

185 出租資產　Assets Leased to Others

1851 出租資產　Assets Leased to Others

1859 累計折舊－出租資產　Accumulated Depreciation－Assets Leased to Others

186 存出保證金　Refundable Deposits

188 雜項資產　Miscellaneous Assets

1881 受限制存款　Restricted Deposits

1888 雜項資產－其他　Miscellaneous Assets－Others

2 負債

21～22 流動負債　Current Liabilities：指將於一年內，以流動資產或其他流動負債償付之債務。

211 短期借款　Short-term Borrowings (Debt)

2111 銀行透支　Bank Overdraft

2112 銀行借款　Bank Loan

2114 短期借款－業主　Short-term Borrowings－Owners

2115 短期借款－員工　Short-term Borrowings－Employees

2117 短期借款－關係人　Short-term Borrowings－Related Parties

2118 短期借款－其他　Short-term Borrowings－Others

212 應付短期票券　Short-term Notes and Bills Payable

2121 應付商業本票　Commercial Paper Payable

2122 銀行承兌匯票　Bank Acceptance

2128 其他應付短期票券　Other Short-term Notes and Bills Payable

2129 應付短期票券折價　Discount on Short-term Notes and Bills Payable

213 應付票據　Notes Payable

2131 應付票據　Notes Payable

2137 應付票據－關係人　Notes Payable－Related Parties

2138 其他應付票據　Other Notes Payable

214 應付帳款　Accounts Payable

2141 應付帳款　Accounts Payable

2147 應付帳款－關係人　Accounts Payable－Related Parties

215 其他金融負債　Other Financial Liabilities

2151 公平價值變動列入損益之金融負債　Financial Liabilities at Fair Value through Income Statement

2152 避險之衍生性金融負債　Derivative Financial Liability for Hedging

2153 以成本衡量之金融負債　Financial Liabilities at Cost

2159 金融負債評價調整　Adjustments for Change in Value of Financial Liabilities

216 應付所得稅　Income Tax Payable

217 應付費用　Accrued Expenses

2171 應付薪工　Accrued Payroll

2172 應付租金　Accrued Rent Payable

2173 應付利息　Accrued Interest Payable

2174 應付營業稅　Accrued Sales Tax Payable

2175 應付稅捐─其他　Accrued Tax Payable─Others

2178 其他應付費用　Other Accrued Expenses Payable

218~219 其他應付款　Other Payable

2184 應付土地房屋款　Payable on Land and Building

2185 應付設備款　Payable on Equipment

2187 其他應付款─關係人　Other Payable─Related Parties

2191 應付股利　Dividends Payable

2192 應付紅利　Bonus Payable

2193 應付董監事酬勞　Compensation Payable to Directors and Supervisors

2198 其他應付款─其他　Other Payable─Others

225 特別股負債─流動　Preferred Stock Liabilities─Current：指發行具金融負債性質之特別股，將於一年內贖回者。

226 預收款項　Unearned Receipts：指預為收納之各種款項。

2261 預收貨款　Unearned Sales Revenue

2262 預收收入　Unearned Revenue

2268 其他預收款　Other Unearned Revenue

227 一年內到期長期負債　Current Portion of Long-term Liabilities

2271 一年內到期公司債　Current Portion of Corporate Bonds Payable

2272 一年內到期長期借款　Current Portion of Long-term Loans Payable

2273 一年內到期長期應付票據及款項　Current Portion of Long-term Notes and Accounts Payable

2277 一年內到期長期應付票據及款項─關係人　Current Portion of Long-term Notes and Accounts Payable to Related Parties

2278 一年內到期其他長期負債　Other Long-term Liabilities

228~229 其他流動負債　Other Current Liabilities

2281 銷項稅額　Sales Tax Payable

2283 暫收款　Temporary Receipts

2284 代收款　Receipts under Custody

2285 估計售後服務／保固負債　Estimated Warranty Liabilities

2291 遞延所得稅負債　Deferred Income Tax Liabilities

2292 遞延兌換利益　Deferred Foreign Exchange Gain

2293 業主（股東）往來　Owners' Current Accounts

2294 同業往來　Current Accounts with Others

2298 其他流動負債－其他　Other Current Liabilities－Others

23 長期負債　Long-term Liabilities：指到期日在一年以上之債務。

231 應付公司債　Bonds Payable

2311 應付公司債　Bonds Payable

2312 應付公司債溢（折）價　Premium (Discount) on Bonds Payable

232 長期借款　Long-term Debt Payable

2321 長期銀行借款　Long-term Debt Payable－Banks

2322 長期借款－業主　Long-term Debt Payable－Owners

2323 長期借款－員工　Long-term Debt Payable－Employees

2324 長期借款－關係人　Long-term Debt Payable－Related Parties

2325 長期借款－其他　Long-term Debt Payable－Others

233 長期應付票據及款項　Long-term Notes and Accounts Payable

2331 長期應付票據　Long-term Notes Payable

2332 長期應付帳款　Long-term Accounts Payable

2333 長期應付租賃負債　Long-term Capital Lease Liabilities

2337 長期應付票據及款項－關係人　Long-term Notes and Accounts Payable－
　　　　　　　　　　　　　　　　　Related Parties

2338 其他長期應付款項　Other Long-term Payable

234 估計應付土地增值稅　Accrued Liabilities for Land Tax Revaluation Increment

235 應計退休金負債　Accrued Pension Liabilities

236 其他金融負債－非流動　Other Financial Liabilities－Noncurrent

2361 公平價值變動列入損益之金融負債－非流動　Financial Liabilities at Fair
　　　　　　　　　　　　　　　　　　　　　　Value through Income
　　　　　　　　　　　　　　　　　　　　　　Statement－Noncurrent

2362 避險之衍生性金融負債－非流動　Derivative Financial Liabilities for Hedging
　　　　　　　　　　　　　　　　　　－Noncurrent

2363 以成本衡量之金融負債－非流動　Financial Liabilities at Cost－Noncurrent

2369 金融負債評價調整－非流動　Adjustments for Change in Value of Financial
　　　　　　　　　　　　　　　　Liabilities－Noncurrent

237 特別股負債－非流動　Preferred Stock Liabilities－Noncurrent

238 其他長期負債　Other Long-term Liabilities

28 其他負債　Other Liabilities

 281 遞延負債　Deferred Liabilities

  2811 遞延收入　Deferred Revenue：須於以後各年期攤收的收入，且不須以資產
清付者。

  2814 遞延所得稅負債　Deferred Income Tax Liabilities

  2818 其他遞延負債　Other Deferred Liabilities

 286 存入保證金　Deposits Received

 288 雜項負債　Miscellaneous Liabilities

3 權益　Equities

31 資本　Capital

 311 資本（或股本）　Capital

  3111 普通股股本　Capital—Common Stock

  3112 特別股股本　Capital—Preferred Stock

  3113 預收股本　Capital Collected in Advance

  3114 待分配股票股利　Stock Dividends to be Distributed

  3115 資本　Capital

32 資本公積　Additional Paid-in Capital：非由營業結果所產生之權益。

 321 股票溢價　Additional Paid-in Capital in Excess of Par

  3211 普通股股票溢價　Additional Paid-in Capital in Excess of Par—Common
Stock

  3212 特別股股票溢價　Additional Paid-in Capital in Excess of Par—Preferred
Stock

  3214 庫藏股溢價公積　Additional Paid-in Capital in Excess of Par—Treasury
Stock

  3219 其他溢價公積　Additional Paid-in Capital in Excess of Par—Others

 326 受贈公積　Donated Surplus

 328 其他資本公積　Other Additional Paid-in Capital

  3281 權益法長期股權投資資本公積　Additional Paid-in Capital from Investee
under Equity Method

33 保留盈餘（或累積虧損）　Retained Earnings (Accumulated Deficit)

 331 法定盈餘公積　Legal Reserve：指依公司法或其他相關法令規定，自盈餘中指
撥之公積。

 332 特別盈餘公積　Special Reserve

3321 意外損失準備　　Contingency Reserve

3322 改良擴充準備　　Improvement and Expansion Reserve

3323 償債準備　　Special Reserve for Redemption of Liabilities

3328 其他特別盈餘公積　　Other Special Reserve

335 未分配盈餘（或累積虧損）　　Retained Earnings－Unappropriated (or Accumulated Deficit)：指未經指撥之盈餘或未經彌補之虧損。

3351 累積盈虧　　Accumulated Profit or Loss

3352 前期損益調整　　Prior Period Adjustments

3353 本期損益　　Net Income or Loss for Current Period：係本期計算的損益。

34 權益調整　　Equities Adjustments

341 金融商品未實現損益　　Unrealized Gain or Loss on Financial Instrument

342 累積換算調整數　　Cumulative Translation Adjustments

343 未認列為退休金成本之淨損失　　Net Loss not Recognized as Pension Cost

344 未實現重估增值　　Unrealized Revaluation Increments

345 庫藏股　　Treasury Stock

36 少數股權　　Minority Interest

4 營業收入　　Operating Revenue

41 銷貨收入　　Sales Revenue

411 銷貨收入　　Sales Revenue

4111 銷貨收入　　Sales Revenue

4112 分期付款銷貨收入　　Installment Sales Revenue

417 銷貨退回　　Sales Return：凡已售出之商品或產品，因顧客退回而未能獲得之銷貨價款皆屬之。

419 銷貨折讓　　Sales Discounts and Allowances：凡出售商品或產品，因給予顧客讓價而未能獲得之銷貨價款皆屬之。

46 勞務收入　　Service Revenue

47 業務收入　　Agency Revenue

48 其他營業收入　　Other Operating Revenue

5 營業成本　　Operating Costs

51 銷貨成本　　Cost of Goods Sold

511 銷貨成本　　Cost of Goods Sold

5111 銷貨成本　　Cost of Goods Sold

5112 分期付款銷貨成本　Installment Cost of Goods Sold

512 進貨　Purchases

5121 進貨　Purchases

5122 進貨費用　Purchase Expense

5123 進貨退出　Purchase Returns

5124 進貨折讓　Purchase Discounts and Allowances

513 進料　Material Purchase

5131 進料　Material Purchase

5132 進料費用　Charges on Purchased Material

5133 進料退出　Material Purchase Returns

5134 進料折讓　Material Purchase Discounts and Allowances

514 直接人工　Direct Labor

5141 直接人工　Direct Labor

515～518 製造費用　Manufacturing Overhead

5151 間接人工　Indirect Labor

5152 租金支出　Rent Expense

5153 文具用品費　Supplies Expense

5154 旅費　Travelling Expense

5155 運費　Shipping Expense

5156 郵電費　Postage Expense

5157 修繕費　Repair(s) and Maintenance Expense

5158 包裝費　Packing Expense

5161 水電瓦斯費　Utilities Expense

5162 保險費　Insurance Expense

5163 加工費　Manufacturing Overhead－Outsourced

5166 稅捐　Taxes

5168 折舊　Depreciation Expense

5169 各項耗竭及攤提　Various Amortization

5172 伙食費　Meal Expense

5173 職工福利　Employee Benefits/Welfare

5176 訓練費　Training (Expense)

5177 間接材料　Indirect Materials

5188 其他製造費用　Other Manufacturing Expenses

56 勞務成本　Service Cost

57 業務成本　Agency Cost

58 其他營業成本　Other Operating Costs

6 營業費用　Operating Expenses

61 推銷費用　Selling Expenses

615～618 推銷費用　Selling Expenses

6151 薪資支出　Payroll Expense

6152 租金支出　Rent Expense

6153 文具用品費　Supplies Expense

6154 旅費　Travelling Expense

6155 運費　Shipping Expense

6156 郵電費　Postage Expense

6157 修繕費　Repair(s) and Maintenance (Expense)

6159 廣告費　Advertisement Expense, Advertisement

6161 水電瓦斯費　Utilities Expense

6162 保險費　Insurance Expense

6164 交際費　Entertainment Expense

6165 捐贈　Donation Expense

6166 稅捐　Taxes

6167 呆帳損失　Loss on Uncollectible Accounts

6168 折舊　Depreciation Expense

6169 各項耗竭及攤提　Various Amortization

6172 伙食費　Meal Expense

6173 職工福利　Employee Benefits/Welfare

6175 佣金支出　Commission Expense

6176 訓練費　Training Expense

6188 其他推銷費用　Other Selling Expenses

62 管理及總務費用　General & Administrative Expenses

625～628 管理及總務費用　General & Administrative Expenses

6251 薪資支出　Payroll Expense

6252 租金支出　Rent Expense

6253 文具用品費　Supplies Expense

6254 旅費　Travelling Expense

6255 運費　Shipping Expense

6256 郵電費　Postage Expense

6257 修繕費　Repair and Maintenance Expense

6259 廣告費　Advertisement Expense, Advertisement

6261 水電瓦斯費　Utilities Expense

6262 保險費　Insurance Expense

6264 交際費　Entertainment Expense

6265 捐贈　Donation Expense

6266 稅捐　Taxes

6267 呆帳損失　Loss on Uncollectible Accounts

6268 折舊　Depreciation Expense

6269 各項耗竭及攤提　Various Amortization

6271 外銷損失　Loss on Export Sales

6272 伙食費　Meal Expense

6273 職工福利　Employee Benefits/Welfare

6274 研究發展費用　Research and Development Expense

6275 佣金支出　Commission Expense

6276 訓練費　Training Expense

6278 勞務費　Professional Service Fees

6288 其他管理及總務費用　Other General and Administrative Expenses

63 研究發展費用　Research and Development Expenses：凡為研究發展新產品、改進生產技術、改進提供勞務技術及改善製程而發生之各項研究、改良、實驗等費用皆屬之。

635～638 研究及發展費用　Research and Development Expenses

6351 薪資支出　Payroll Expense

6352 租金支出　Rent Expense

6353 文具用品費　Office Supplies Expense

6354 旅費　Travelling Expense

6355 運費　Shipping Expense

6356 郵電費　Postage Expense

6357 修繕費　Repair and Maintenance Expense

6361 水電瓦斯費　Utilities Expense

6362 保險費　Insurance Expense

6364 交際費　Entertainment Expense

6366 稅捐　Taxes

6368 折舊　Depreciation Expense

6369 各項耗竭及攤提　Various Amortization

6372 伙食費　Meal Expense

6373 職工福利　Employee Benefits/Welfare

6376 訓練費　Training Expense

6378 其他研究發展費用　Other Research and Development Expenses

7 營業外收益及費損　Non-operating Revenue and Expenses

　71～74 營業外收益　Non-operating Revenue

　711 利息收入　Interest Revenue

　714 投資收益　Investment Income

　7141 金融資產評價利益　Gain on Valuation of Financial Assets

　7142 金融負債評價利益　Gain on Valuation of Financial Liabilities

　7143 採權益法認列之投資收益　Investment Income Recognized under Equity Method

　715 兌換利益　Foreign Exchange Gain：因外幣匯率變動所獲得之利益皆屬之。

　716 處分投資收益　Gain on Disposal of Investments

　717 處分資產溢價收入　Gain on Disposal of Assets

　718 減損迴轉利益　Gain on Reversal of Impairment Loss

　748 其他營業外收益　Other Non-operating Revenue

　7481 捐贈收入　Donation Income

　7482 租金收入　Rent Revenue/Income

　7483 佣金收入　Commission Revenue/Income

　7484 出售下腳及廢料收入　Revenue from Sale of Scraps

　7485 存貨盤盈　Gain on Physical Inventory：盤點存貨時，實存多於帳面結存的數目。

　7486 存貨跌價回升利益　Gain from Price Recovery of Inventory

　7487 呆帳轉回利益　Gain on Reversal of Bad Debts

　7488 其他營業外收益－其他　Other Non-operating Revenue－Other Items

　75～78 營業外費損　Non-operating Expenses

　751 利息費用　Interest Expense

　752 負債性特別股股息　Dividends on Preffered Stock Liabilities

753 投資損失　Investment Loss

　7531 金融資產評價損失　Loss on Valuation of Financial Assets

　7532 金融負債評價損失　Loss on Valuation of financial Liabilities

　7533 採權益法認列之投資損失　Investment Loss Recognized under Equity Method

754 兌換損失　Foreign Exchange Loss：因外幣匯率變動所獲得之損失皆屬之。

755 處分資產損失　Loss on Disposal of Assets

756 處分投資損失　Loss on Disposal of Investments

768 減損損失　Impairment Loss

788 其他營業外費損　Other Non-operating Expenses

　7881 停工損失　Loss on Work Stoppages

　7882 災害損失　Casualty Loss

　7885 存貨盤損　Loss on Physical Inventory

　7886 存貨跌價及呆滯損失　Loss for Market Price Decline and Obsolete and Slow-moving Inventory

　7888 其他營業外費用—其他　Other Non-operating Expenses—Others

79 繼續營業部門稅前純益（或純損）　Continuing Operating Income before Tax

8 所得稅費用（或利益）　Income Tax Expense (or Benefit)

9 非經常營業損益　Nonrecurring Gain or Loss ❶

91 停業部門損益　Gain (Loss) from Discontinued Operations

　911 停業部門損益—停業前營業損益　Income (Loss) from Operations of Discontinued Segments

　912 停業部門損益—處分損益　Gain(Loss) from Disposal of Discontinued Segments

94 少數股權淨利　Minority Interest Income

---

❶ 遵行 IFRS 之後，損益表剔除「非常損益」項目及「會計原則變動累積影響數」項目，故原來科目代號 92（非常損益），及科目代號 93（會計原則變動累積影響數）予以刪除。

一、問答題

1.會計科目有什麼功用?

2.何謂會計科目表?

3.下列的會計科目，那一些是借方餘額科目? 那一些是貸方餘額科目?

現金	應付帳款
應收帳款	存貨
應付帳款	保險費
銷貨收入	銷貨成本
廣告費	稅捐
租金收入	財務收入
呆帳	折舊

4.不正式結帳是否能夠知道資負表與損益表的情況?

5.由兩欄相等後的調整後餘額欄的數字，攤列到損益表的兩欄時，能否使這兩欄的總額相等? 倘使不能相等，是什麼原因造成的?

6.由相等後的調整後餘額欄，攤列到資負表的兩欄時，何以兩欄的總額並不會相等? 要如何方能相等?

7.任意列舉流動資產類下面的五個科目及流動負債類下的四個科目。

8.會計科目的名稱，是否應該全國一致遵行? 為什麼?

二、選擇題

(　) 1.實際無法收回的應收帳款稱為:

  (A)呆帳　(B)備抵呆帳　(C)折舊　(D)累計折舊　　　　【丙級技術士檢定】

(　) 2.分錄可以瞭解:

  (A)每一分類帳內容　(B)每一交易事項內容　(C)每一財務報表要素性質　(D)每一科目的總額　　　　【丙級技術士檢定】

（　）3.某一帳戶，原貸方金額 $5,000，借方金額 $3,000，再過入一筆貸方金額 $6,000，

則現有：

(A)借餘 $8,000　(B)貸餘 $11,000　(C)貸餘 $8,000　(D)借餘 $3,000

【丙級技術士檢定】

（　）4.通常會產生貸方餘額的會計科目是：

(A)應收帳款　(B)文具用品　(C)進貨折讓　(D)存出保證金　【丙級技術士檢定】

（　）5.應收帳款統制帳戶有借餘 $100,000，明細內容有三帳戶，已知李君借餘

$35,000，王君借餘 $50,000，則林君餘額為何？

(A)借餘 $15,000　(B)貸餘 $15,000　(C) $0　(D)無法計算　【丙級技術士檢定】

（　）6.費損類帳戶通常產生：

(A)借差　(B)貸差　(C)不一定　(D)無餘額　　　　　　　【丙級技術士檢定】

（　）7.通常產生借方餘額的會計科目是：

(A)應付帳款　(B)租金收入　(C)建築物　(D)業主資本　　【丙級技術士檢定】

（　）8.一科目原為借差 $10,000，再過一筆貸方 $3,000，可得到：

(A)借差 $7,000　(B)貸差 $7,000　(C)貸差 $3,000　(D)借差 $10,000

【丙級技術士檢定】

（　）9.下列何者不屬費損類科目？

(A)投資損失　(B)預付費用　(C)出售資產損失　(D)商品盤損

【丙級技術士檢定】

（　）10.下列何者為資產的抵減科目？

(A)應收帳款　(B)備抵呆帳　(C)折舊費用　(D)資本

三、練習題

1.將第二章練習題內榮泰商行記至 1 月 10 日止的各帳項，照已調整後的餘額，按下列

公式歸集之：

甲　　收益－費損＝淨利（損）

乙　　資產＝負債＋權益

2. 將上題榮泰商行至 1 月 10 日止的各帳項，照已調整後的餘額，編科目攤列表。

3. 以下是榮泰商行 1 月 10 日以後的各筆帳，仍記入已用的現金簿，列為第 3 頁。有關的應收應付項目，俱記入分戶帳內。

1/11	現銷	$5,000
	賒銷廣隆商行	1,500
	收廣隆商行貨款	1,800
	付同業公會會費	100
1/12	現銷	$3,000
	賒銷六和行	1,000
	收六和行現款	1,200
	付惠生行貨款	6,000
1/13	現銷	$3,200
	收進益行貨款	500
	賒銷進益行	1,000
	付味生公司貨款	5,000
	現購工商稅指南及現行工商稅法規各一冊，共 $50	
1/14	現銷	$2,000
	向惠生行賒進貨品	6,000
	付惠生行貨款	3,000
	零星雜支	120
1/15	現銷	$3,000
	付上半月伙食費	500
	賒購味生公司貨品	10,000
	由六和行介紹現銷屏東福來行 $5,000，當即付六和行佣金 5%	

第五章

會計事項

第一節　會計事項的意義

單式簿記是將每一筆現金收支的帳，記入正式的帳簿，非現金收支的帳，則只作備查的記載。雙式簿記將現金收支與非現金收支的帳，都按借貸原理，記入正式的帳簿。

記入正式帳簿的事項，會計上稱之為會計事項 (Transactions)，我國簿記上常稱之為交易。會計事項分為二大類，即對外事項 (External Transaction) 與內部事項 (Internal Transaction)。對外事項亦稱為業務上的會計事項，是與外界的交易。一個營利事業的主要對外事項，為貨物及勞務的銷售與購進、現金的收取與存放，及負債的付款等。內部事項不影響對外的權益與負債，例如內部的調整帳目、校正帳上的錯誤等。一般簿記上所指的交易，常指對外事項。

簿記上所稱的交易，乃是基於會計觀點而需記帳的會計事項，與工商業平常所指的交易 (Deal) 並不相同。商業上的交易，不一定是需要馬上記帳的會計事項。例如：

1. 向人賒購貨品，是商場上很普通的一筆交易，但在採用單式簿記現金制時，在未付清貨款以前，還未視為交易。

2. 向人訂購貨品，雙方成交，是商場上的一筆交易，但在採用單式簿記時，如果沒有付款，便還未視為交易，在複式簿記時，如果還未交貨，習慣上也還不算是交易。

所以在簿記上用「交易」二字的時候，切勿認為便是商業上一般所指的交易。為避免含混與誤解起見，最好將之正名，不用「交易」二字，而稱會計事項。

🖋 第二節　會計事項與借貸

《商業會計法》第十一條規定:

1. 凡商業的資產、負債或權益發生增減變化的事項，稱為會計事項。

2. 會計事項涉及商業本身以外之人，而與之發生權責關係者，為對外會計事項；不涉及商業本身以外之人者，為內部會計事項。

3. 會計事項的記錄，應用雙式簿記方法為之。

第一點的規定中，是指出資人對這企業的權益，除原投入的資本外，尚包括損益的增減變化事項在內，因為損益增減變化的最後結果，便是權益的增減變化。

第三點便是規定，記帳須按照借貸分錄，有雙方相等的借方與貸方。

上一章討論會計科目時，已經提及，借貸分錄的雙方都用會計科目列明。會計科目的五大分類是:

借方餘額科目	貸方餘額科目
資產	負債
費損	權益
	收益

按雙式簿記而記帳的結果，編出報表時，是照下面恆等的公式:

$$資產 = 負債 + 權益 \begin{cases} 資本 \\ + \\ 本期損益 \end{cases}$$

$$收益 - 費損 = 本期損益$$

每一筆帳，也就是每一筆會計事項，在作借貸分錄的時候，須注意借貸方及所用的會計科目，不使有錯，以便編出合於帳務實況的報表。

🖋 第三節　現金分錄與轉帳分錄

　　會計事項是資產、負債、權益、收益、費損這五大類的增減變化事項。
這五大類的增減變化，由雙式簿記以借貸分錄表示之。

　　借貸分錄就是對於一個會計事項，確定其借方與貸方的會計科目。

　　借貸分錄根據借貸原理，這原理規定借方與貸方恆相等，即：

$$借方 \equiv 貸方 \qquad Dr \equiv Cr ❶$$

　　第三章中，已有下列的一些借貸分錄：

借：	現金	50,000	
貸：	資本一王榮泰		50,000
	資本主王榮泰出資		
借：	進貨	20,000	
貸：	現金		20,000
	向味生公司現購貨品		
借：	進貨	20,000	
貸：	應付帳款一味生公司		20,000
	向味生公司賒購貨品		
借：	現金	7,000	
貸：	銷貨收入		7,000
	本日現銷		
借：	應收帳款一廣隆商行	2,000	
貸：	銷貨收入		2,000
	賒售廣隆商行貨品		
借：	預付費用一包裝材料	280	
貸：	包裝材料		280
	盤點包裝用品尚存如上數		

---

❶　「≡」為恆等的符號。

從上面這些分錄之中，可以看出下列情形：

1. 分錄的借方與貸方金額恆相等。

2. 借方與貸方各有會計科目，上面的舉例，雖各為一個科目，但也可為數個會計科目。

3. 同一個會計科目，可以有時是在借方，有時是在貸方，例如現金是會計科目，第一個分錄是在借方，第二個分錄是在貸方。

4. 有借方或貸方為現金的分錄，也有借方與貸方都不涉及現金的分錄。

涉及現金的會計事項，簿記上常稱之為現金交易。現金交易在作分錄時，其借方或貸方必為現金，稱為現金分錄。

不涉及現金的會計事項，簿記上常稱之為轉帳交易。轉帳交易在作分錄時，借方與貸方都不涉及現金，我國習慣上稱之為轉帳分錄。

在上面舉例中的第二與第三筆分錄，可以歸併為一個分錄如下：

借：　進貨　　　　　　　　　40,000
　貸：　　現金　　　　　　　　　　　20,000
　　　　　應付帳款—味生公司　　　　20,000

上一會計事項，涉及部份現金，簿記上有稱之為混合交易者。這類交易在作分錄時，現金占分錄的借方或貸方的一部份，稱為部份現金分錄。

🖊 第四節　會計科目的增減變化

每一分錄都列有雙方相等的借方與貸方會計科目，以顯示該會計科目的增減變化。所以每一分錄是代表一個經濟活動事件的影響，是表示一個經濟活動事件的內容。

以王榮泰的例子來看，由開業之初的分錄可看出其內容與影響如下：

1. 出資 $50,000 現款：

| 借： | 現金 | 50,000 | |
| 貸： | 資本－王榮泰 | | 50,000 |

資本主王榮泰投資現金

於是開始榮泰商行的創立，由這一分錄的結果，形成如下的資產負債表：

榮 泰 商 行

資 產 負 債 表

民國 102 年 1 月 1 日初創時

資　　產		權　　益	
現金	$50,000	資本－王榮泰	$50,000
（借方）		（貸方）	

2. 同日租入房屋，預付一個月租金 $1,000，押租 $5,000，押租是為日後還有機會收回的資產，實務上，多以「存出保證金」表達，相關分錄如下所示：

借：	預付房租	1,000	
	存出保證金	5,000	
貸：	現金		6,000

現付押租及一個月房租

此時借方的資產部份，發生變化，現金減少 $6,000，同時由所減少的現金，得到別的資產——預付的房租和將來可以收回的押租。變化之後的資負表如下：

榮 泰 商 行

資 產 負 債 表

民國 102 年 1 月 1 日

資　　產		權　　益	
現金	$44,000	資本－王榮泰	$50,000

預付房租	1,000		
存出保證金	5,000		
合計	$50,000	合計	$50,000
（借方）		（貸方）	

現在假定榮泰商行下一筆帳，為 1 月 2 日向味生公司進貨：

借：　進貨　　　　　　　　　40,000
　貸：　　現金　　　　　　　　　　　　20,000
　　　　　應付帳款—味生公司　　　　　20,000
　　　向味生公司進貨，半數付現，餘暫欠

則此時增減變化的結果，將使資負表如下所示：

榮　泰　商　行

資　產　負　債　表

民國 102 年 1 月 2 日

資　　產		負債及權益	
現金	$24,000	應付帳款—味生公司	$20,000
進貨	40,000	資本—王榮泰	50,000
預付房租	1,000		
存出保證金	5,000		
合計	$70,000	合計	$70,000
（借方）		（貸方）	

由以上的例子可知：

1. 借貸相等的分錄所影響的增減變化，結果仍保持借方與貸方的平衡，所以資產負債表，又稱為平衡表 (Balance Sheet)。

2. 每一分錄所引起的增減變化，其結果有時是資負表左右欄的一方內容發生變化，但是雙方總額平衡不變，例如上述付出租金及押金時的情形，只在資產項產生變動，但是左右兩欄的總額仍相等。有時則是雙方的內容都發生變化，雙方總額俱變仍能保持平衡，例如上述進貨時的情形。

🖊 第五節　確定借貸

會計事項藉分錄的借方與貸方，以表明其內容與增減變化的影響。所以簿記上對於任何一個會計事項，首先要確定其借方是什麼會計科目，貸方是什麼會計科目。

確定一個會計事項的借貸方，通常有下列幾種辦法：

　1.根據經驗和記憶。

　2.根據會計制度上的規定。

　3.根據借貸法則。

做熟了簿記工作的人，常憑經驗和記憶進行簿記工作，例如賒銷時：

借：　應收帳款　　　×××
　貸：　　銷貨收入　　　　×××
　　　賒銷貨品

有的會計制度，附有借貸分錄舉例，對常用的或重要的會計事項，都列有借貸分錄，同時常在會計科目表內，對每一科目說明什麼情形記入該科目的借方，什麼情形記入該科目的貸方，辦理簿記工作的人，只要依照會計制度的規定便可。

確定借貸最好的辦法，是運用借貸法則，使每一筆帳在開始分別借貸時，便先經過思考，以使所用的科目，得以適切。

🖊 第六節　借貸法則

資產負債表上的資產、負債及權益三大類，與損益表上的收益及費損兩大類，這五大類科目，可按借方餘額與貸方餘額，分列如下：

借方餘額科目	貸方餘額科目
資產 (A)	負債 (L)
費損 (X)	權益 (E)
	收益 (R)

借貸法則，便是借貸方增減變化的原則。這原則可以簡化為：

$$同方向 \rightarrow 增加$$

$$異方向 \rightarrow 減少$$

所以，一個借貸分錄，如果借方是借方餘額科目，貸方是貸方餘額科目，按同方向增加法則，這借方科目的借方餘額，便告增加，其貸方科目的貸方餘額，也告增加。

$$借方餘額增加 = 貸方餘額增加$$

例如王榮泰出資 $50,000，則：

$$現金科目借方列 \$50,000 = 資本科目貸方列 \$50,000$$

分錄為：

借：　現金　　　　　　　　50,000
　　貸：　　資本—王榮泰　　　　　　50,000

假定王榮泰收回資本 $10,000，即現金餘額與資本投資額同告減少，則按異方向減少的法則，成為：

$$借方餘額減少 = 貸方餘額減少$$
$$現金科目貸方列 \$10,000 = 資本科目借方列 \$10,000$$

分錄為：

借: 資本—王榮泰　　　　10,000
貸: 　　現金　　　　　　　　　10,000

綜上所述，借貸法則的原理原則歸納如下：

借方餘額科目增加，列為借方

借方餘額科目減少，列為貸方

貸方餘額科目增加，列為貸方

貸方餘額科目減少，列為借方

於是，對於任何一個會計事項，要先確定這事項會影響那些會計科目？對於科目，要確定是借方餘額科目，還是貸方餘額科目？並請注意是增加，抑或是減少？

第七節　科目與變化

各種增減的變化，可以按會計科目歸納於下：

一、作分錄時列為借方

1.資產的增加。

2.費損的增加。

3.負債的減少。

4.收益的減少。

5.權益的減少。

二、作分錄時列為貸方

1.資產的減少。

2.費損的減少。

3.負債的增加。

4.收益的增加。

5.權益的增加。

以上的變化，可以按借貸平衡結構，以符號表示於下：

借方	貸方
A^+	A^-
X^+	X^-
L^-	L^+
R^-	R^+
E^-	E^+

借方任何一類中的科目都可與貸方任何一類中的科目相結合而成分錄，例如：

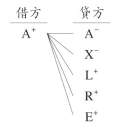

因此，根據借貸法則，可以繪出下圖所示的二十五種關係：

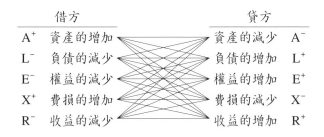

根據借方餘額科目及貸方餘額科目的增減變化，也可以歸納如下：

借方	貸方
1.借方餘額科目增加	貸方餘額科目增加
A^+, X^+	L^+, E^+, R^+
2.貸方餘額科目減少	借方餘額科目減少
L^-, E^-, R^-	A^-, X^-
3.借方餘額科目增加	借方餘額科目減少
A^+, X^+	A^-, X^-
4.貸方餘額科目減少	貸方餘額科目增加
L^-, E^-, R^-	L^+, E^+, R^+

複雜的分錄，可以數個科目列為借方，並與數個列於貸方的科目相結合。

第八節　科目變化舉例

茲將各種借貸變化，舉例以供參考：

一、借方為資產時

借方	貸方	說　　明
A^+	A^-	一資產換為另一資產，例：
		借：　現金
		貸：　應收帳款
		收到應收帳款的款項
A^+	X^-	費損轉為資產，例：
		借：　預付費用
		貸：　保險費用
		將未滿期的保險費，轉列為資產
A^+	L^+	資產與負債同時增加，例：
		借：　現金
		貸：　銀行借款
		向銀行借入款項

A⁺	E⁺	資產與權益同時增加，例：

借：　現金
　　貸：　　資本—某某
　　　　資本主現金投資

A⁺	R⁺	由收益的增加而獲得資產的增加，例：

借：　現金
　　貸：　　銷貨收入
　　　　現金銷貨

⊛ 二、借方為費損時

借方	貸方	說　　明
X⁺	A⁻	由資產轉為費損，例：

借：　租金支出
　　貸：　　現金
　　　　支付本月份租金

| X⁺ | X⁻ | 由此一費損轉為另一費損，例：|

借：　伙食費
　　貸：　　雜費
　　　　員工伙食用品，誤入雜費科目之內，經查明轉入伙食費科目

| X⁺ | L⁺ | 費損與負債同時發生，例：|

借：　稅捐
　　貸：　　應付稅捐
　　　　應付本月份稅捐

| X⁺ | R⁺ | 費損與收益同時發生，例：|

借：　廣告費
　　貸：　　銷貨收入
　　　　廣告商以本公司貨品抵付廣告費

| X⁺ | E⁺ | 費損與權益同時發生，例：|

借：　薪資支出
　　貸：　　未收資本
　　　　合夥資本主按月以應領薪津，沖減其未繳足之資本

⭐ 三、貸方為負債時

借方	貸方	說　　明
A⁺	L⁺	見前借方為資產時舉例
X⁺	L⁺	見前借方為費損時舉例
L⁻	L⁺	一項負債換為另一負債，例：

> 借：　應付帳款
> 　貸：　　應付票據
> 　　　開出票據，償還欠款

R⁻	L⁺	由收益轉為負債，例：

> 借：　租金收入
> 　貸：　　預收收益
> 　　　將租金的預收部份轉入預收收益科目

E⁻	L⁺	由權益變為負債，例：

> 借：　資本—張三　10,000
> 　　　　—李四　10,000
> 　貸：　　應付票據　　　　20,000
> 　　　合夥人張三、李四退出合夥，經結算後，將應退股款
> 　　　開具票據結清

⭐ 四、貸方為收益時

借方	貸方	說　　明
A⁺	R⁺	見借方為資產時的舉例
X⁺	R⁺	見借方為費損時的舉例
L⁻	R⁺	由負債轉為收益，例：

> 借：　預收收益
> 　貸：　　租金收入
> 　　　按期將預收租金轉入收益科目

R⁻　　　R⁺　　　收益科目間的變換，例：

　　　　　　　　借：　　財務收入

　　　　　　　　　貸：　　　投資收入

　　　　　　　　　由投資債券而得之利息收入，誤入財務收入科目，特
　　　　　　　　　予轉正

E⁻　　　R⁺　　　由權益轉為收益科目，例：

　　　　　　　　借：　　保留盈餘

　　　　　　　　　貸：　　　佣金收入

　　　　　　　　　佣金收入屬於本期之部份，在前期誤記而致歸入保留
　　　　　　　　　盈餘之內，特予轉正。

　　以上的舉例，不必強記，因為對一個分錄確定借貸，最好的方法是運用借貸法則，從增減變化，以確定借方與貸方是什麼。

　　由上面的舉例，可見資產、負債、權益、收益及費損五大類中，任何一類的科目，都可發生借方或貸方的事項。除了極少數特殊的會計科目之外，多數科目，都可與同類的科目或他類的科目相結合而成借貸分錄。

習題

一、問答題

1. 何謂會計事項？

2. 會計事項分為那二大類？

3. 會計事項與一般工商業所指的交易，有無不同？

4. 何謂轉帳分錄？何謂部份現金分錄？

5. 一個會計事項的借方與貸方，可如何予以確定？

6. 簡釋借貸法則。

7. 試歸納五大類會計科目的增減變化。

8. 試任意列出貸方為資產的三個分錄。

9. 試任意列出借方為負債的三個分錄。

10.試以分錄舉例，表明下列的增減變化：

⑴資產增加，負債增加。

⑵資產增加，權益增加。

⑶費損發生，資產減少。

⑷資產增加，收益發生。

⑸資產增加，資產減少。

二、選擇題

（　　）1.收回溢付之廣告費，其結果會使：

(A)資產減少、費損增加　　(B)資產增加、費損減少　　(C)資產減少、收益增加　　(D)資產增加、費損增加　　　　　　　　　　　　　　【丙級技術士檢定】

（　　）2.開立即期支票購入運輸設備，對資產總額的影響為：

(A)減少　(B)不變　(C)增加　(D)視金額的大小而定　　　【丙級技術士檢定】

（　　）3.本店於100年7月1日向中華商行訂貨一批，訂金\$4,000，開7月15日支票付訖，7月1日分錄為：

(A)借：應付票據\$4,000，貸：預收貨款\$4,000　　(B)借：預付貨款\$4,000，貸：現金\$4,000　　(C)借：應收票據\$4,000，貸：預收貨款\$4,000　　(D)借：預付貨款\$4,000，貸：應付票據\$4,000　　　　　　　　　　【丙級技術士檢定】

（　　）4.會計人員將佣金收入\$8,000，誤記租金收入，則更正分錄為：

(A)借：現金\$8,000，貸：佣金收入\$8,000　　(B)借：現金\$8,000，貸：租金收入\$8,000　　(C)借：租金收入\$8,000，貸：佣金收入\$8,000　　(D)借：佣金收入\$8,000，貸：租金收入\$8,000　　　　　　　　　　　　　　【丙級技術士檢定】

（　　）5.購買商品\$30,000，簽發即期支票付訖，誤貸記應付票據，其改正分錄為：

(A)借：銀行存款\$30,000，貸：應付票據\$30,000　　(B)借：應付票據\$30,000，貸：銀行存款\$30,000　　(C)借：應付票據\$30,000，貸：應付帳款\$30,000　　(D)借：進貨\$30,000，貸：銀行存款\$30,000　　　　　　　　　　　　　【丙級技術士檢定】

（ ） 6.無論現金已否收付，只要有交易事實存在，而有責任或權利的發生，就要記帳的是：

（A）現金收付基礎　（B）混合基礎　（C）權責發生基礎　（D）修正現金基礎

【丙級技術士檢定】

（ ） 7.賒銷商品應借記：

（A）應收帳款　（B）銀行存款　（C）現金　（D）商品盤存

（ ） 8.收到客戶所欠貨款，對會計要素將會產生何種影響？

（A）資產增加，負債增加　（B）負債增加，負債減少　（C）資產減少，負債增加　（D）資產增加，資產減少

（ ） 9.銷貨運費屬於：

（A）遞延費用　（B）銷貨成本　（C）營業費用　（D）營業外支出

（ ） 10.阿 Q 公司今年收到銷貨現金計 $300,000，預收收入期初餘額 $80,000，期末餘額 $100,000，請問今年的銷貨收入認列多少？

（A）$280,000　（B）$320,000　（C）$300,000　（D）$400,000

三、練習題

1.高恩遠以現金獨資開設恩遠商行，其第一日三筆分錄後的資產負債表如下：

恩　遠　商　行
資　產　負　債　表
民國 102 年 9 月 1 日

現金	$30,000	應付帳款	$15,000
進貨	30,000		
生財設備	5,000	資本	50,000
	$65,000		$65,000

試將此三筆分錄列出。

2. 雙璧商行由二人以現金合夥開設，其第一日借貸分錄的結果，形成如下的資產負債表：

雙　璧　商　行
資　產　負　債　表
民國 102 年 1 月 1 日

現金	$ 60,000	應付帳款	$ 20,000
進貨	40,000	資本—王雙	50,000
預付租金	10,000	—趙璧	50,000
生財設備	10,000		
	$120,000		$120,000

試將該第一日的借貸分錄列出。

3. 張君於民國 102 年 4 月 1 日，以現金獨資，開設永生商行。當日發生交易五筆，入帳後各科目餘額如下：

現金	$175,000	預付租金	$ 10,000
應收帳款	50,000	應付帳款	40,000
進貨	50,000	銷貨收入	50,000
生財設備	5,000	資本主投資	200,000

試根據上開資料，列出此五筆交易的分錄。

4. 試將下列四筆會計事項，各以借貸分錄表示之：

⑴樂思天獨資開設商店，出資 $100,000，其中現金一半，其餘為應收帳款 $20,000，短期投資 $30,000。

⑵該商店向惠生公司進貨 $100,000，當即付予現金一半，其餘開出應付票據一紙，面額 $30,000，餘數賒欠。

⑶該商店售予同德行貨品 $60,000，當即收得現金四成，其餘由同德行交予票據一紙，面額 $10,000，餘數賒欠。

⑷當日支出現金，計購置生財設備 $5,000，預付房租 $6,000，付律師代辦登記費（用勞務費科目）$500，文具用品費 $200，郵票（郵電費）$100，雜費 $200。

5. 將本書前數章所用榮泰商行 102 年 1 月 1 日創立後至 1 月 15 日止的各會計事項，悉作借貸分錄。同一日內發生的會計事項，可以合併作分錄時，可合併分錄。例如 1 月 2 日的數個會計事項，可以合併分錄為：

借：　生財設備　　5,670
　　　交際費　　　　600
貸：　　現金　　　　　　6,270

其 1 月 1 日至 1 月 6 日的會計事項，見第二章第二節，1 月 7 日至 1 月 10 日的會計事項，見第二章練習題 2，1 月 11 日至 1 月 15 日的會計事項，見第四章練習題 5。期末盤點存貨及包裝材料，和已耗的保險費等帳，都暫不必顧及。

Memo

會計憑證

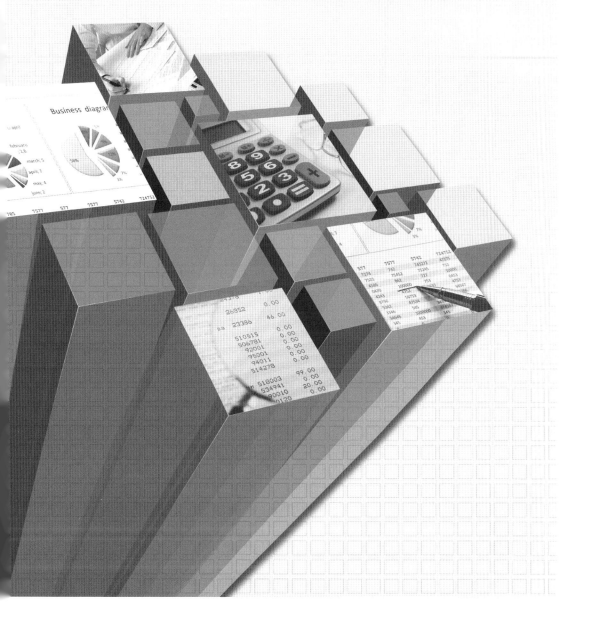

第一節　原始憑證

營利事業照我國《商業會計法》第十四條規定，會計事項之發生均應取得足以證明的會計憑證。另外於第十五條也明訂會計憑證分為二類：

1.原始憑證：證明會計事項的經過，而為編製記帳憑證的根據。

2.記帳憑證：證明處理會計事項人員的責任，為記帳的根據。

各項會計憑證，須按日或按月裝訂成冊，至少保存五年。原始憑證以隨記帳憑證一同裝訂為原則。營利事業的原始憑證，分為下列三種：

1.外來憑證：係由營利事業自外界所取得者。

2.對外憑證：係由營利事業給與外界者。

3.內部憑證：係由營利事業本身自行製存者。

前二者為對外會計事項的原始憑證，後者為內部會計事項的原始憑證。對外憑證在編製時，至少應自行保留副本或存根一份，副本或存根上所記該事項的要點與金額，須與正本相同。

會計上將營利事業本身視為一個獨立的個體 (Entity)，所以發放員工薪津、獨資商店的資本主在店中提用款項等事項都稱為對外會計事項，須取得收據之類的外來憑證。主要的外來憑證，是進貨、購置設備及支付各項費損時所取得的憑證；主要的對外憑證，是銷貨發票及各項收入在收到時所開予外界的收據。

內部會計事項，不涉及營利事業本身之外的任何人或商號，所以除特殊情形外，外來憑證原則上不得以內部憑證代替。各項外來憑證，須載明營利事業的名稱（俗稱抬頭）、交易事項、金額及出據人的名稱、地址、出據日期，並簽名或蓋章。

原始憑證如有遺失，須取得原出據人的證明文件，證明原交易的內容、金額、日期及其他的必要事項。如果因事實上的限制，無法取得原始憑證，

或因意外事故，而致原始憑證毀損、缺少或滅失，須根據其事實及金額，另作證明單。例如乘坐火車所購的車票是旅費的一種原始憑證，但會在出口處由鐵路局收票人員收去，所以可在上車之前，向車站的服務臺索取證明單或由出差人自行出具證明。此外，出差時乘坐計程車、伙食費項下的購用蔬菜魚肉皆不易取得原始憑證，便都可由經手人出具證明，這類經手人的證明，稱為支出證明單，以下為支出證明單格式的實例：

企 業 名 稱
支 出 證 明 單
中華民國　　　年　　　月　　　日

受領人		國民身分證或營利事業統一編號		地址	
貨物名稱、廠牌規格或支出事由				單位數量	
單價			實付金額		
不能取得單據原因					

經理　　　　　　　　　　　會計　　　　　　　　　　經手人

✒ 第二節　原始憑證的要件

　　凡足以證明會計事項的發生及其經過者，都可以作為原始憑證，所以原始憑證的範圍很廣，包括文書、記錄、報表、契約、單據、存根及通知單等。上述的支出證明單，也是原始憑證的一種。

　　原始憑證的必要條件有二：

　　1.為真實的會計事項，不是虛偽不實的。

　　2.為合於規定的書據。

不是真實的會計事項，根本不可以作為原始憑證，不合規定的書據，則在改正或另行出具書據後，可以成為原始憑證。

原始憑證有下列情形之一者，便成不合規定：

1. 依據法律或習慣應具備的主要書據，但是缺少該書據或形式不具備者。例如向廠商進貨，應該具備發票卻沒有發票，或者有發票而在形式上沒有該廠商附有統一編號的圖章與地址者。

2. 應該由經手人員及點收人員簽名蓋章而未經簽名蓋章者。

3. 書據的數字或文字有塗改痕跡，而塗改處未經負責人簽名蓋章證明者。

4. 書據表示金額或數量的文字號碼不符者，例如一張支票的票面文字大寫為壹萬元正，但阿拉伯數字的金額，卻寫為 $1,000。

5. 收支數字顯與規定及事實經過不符者。

6. 其他與法令不合者。

🖊 第三節　原始憑證應注意事項

自己開具的原始憑證，以及由外界取得的原始憑證，須加以注意的事項，說明如下：

1. 出據人的正式圖章及詳細地址門牌號數。

2. 貨物名稱單價及總價，數字必須大寫。

3. 受據者（俗稱抬頭）的名稱可以簡寫，但須正確。

4. 原始憑證應註明出據之年月日。

5. 各種原始憑證單據，應由主辦會計人員及機構或事業的負責人簽名或蓋章；此外，購置物品的單據應記明用途，由經手購置人及點收人簽名或蓋章。

6. 原始憑證上如有塗改，應於塗改處加蓋原出據人圖章，否則無效。

7. 各項原始憑證單據，應以本國文字為準，其有書寫外國文字者，應由經手人譯註本國文字。

8. 各種原始憑證單據所列金額，係以外幣計算者，應折合新臺幣表示並註明折合率。

9. 印刷物品、登載廣告及雕刻圖章的單據，應分別檢附印刷或廣告樣張及印模，其印刷樣張上，並應註明付印年月及數量。

10. 電話費、傳真機使用費及其他電傳視訊系統之使用費，應取得電信事業書有抬頭之收據。長途電話應取得電信事業出具之收據及附有註明受話人電話號碼之國際長途電話費清單。

11. 貼用郵票，凡掛號信件及包裹應附具郵局寄件回條，平時寄發平信，得用購買郵票證明單加蓋郵局戳記。

12. 其他關於各項支出費用的憑證，須留意稅捐機構所頒《營利事業所得稅查核準則》上的規定。

🖊 第四節　記帳憑證

營利事業照《商業會計法》第十八條規定，應根據原始憑證編製記帳憑證，並根據記帳憑證登入帳簿，但整理結算及結算後轉入帳目等事項，可不必檢附原始憑證。商業會計事務較簡，或原始憑證已符合記帳需要者，得不另製記帳憑證，而以原始憑證作為記帳憑證。

記帳憑證我國習慣上稱為傳票 (Voucher)，就是將會計事項的借貸分錄予以列明以便記帳的憑證。通常分為下列幾種：

✦㈠**現金收入傳票** (Receipt Voucher)

借方恆為現金，用於現金收入分錄。

✦㈡**現金支出傳票** (Payment Voucher)

一稱付出傳票，貸方恆為現金，用於現金支出分錄。

✦㈢轉帳傳票 (Journal Voucher)

1. 現金轉帳傳票：用於部份現金分錄，即借貸方中之一方，有一部份為現金者。

2. 分錄轉帳傳票：用於完全不涉及現金的轉帳分錄。

各種傳票，常以不同顏色的紙張，或不同顏色的油墨印刷，以利區別。現金轉帳傳票上，常顯著標明現金字樣，以利處理。

有關會計的法規，都規定非根據真實的事項，不得編製任何會計憑證，且不得在帳簿表冊作任何記錄。所謂真實，是指該會計事項並非虛假偽造。明知為不實的事項而填製會計憑證或記入帳冊者，要遭罰五年以下有期徒刑、拘役、或科或併科新臺幣 60 萬元以下罰金。

以原始憑證代替記帳憑證的，稱為代傳票。例如統一發票，是原始憑證，可以用來代替記帳憑證，以免除另行編製記帳憑證的手續。銀行收到客戶開來提款的支票，是原始憑證，我國的銀行在支票下面特留空白位置，以供銀行利用客戶所開的支票，作為記帳憑證。

✐ 第五節　傳　票

傳票將會計事項，列明借方科目與貸方科目，以便記帳，所以在簿記上，稱傳票是一種原始的會計記錄。

下面是商業通用會計制度規範中，一般採用的傳票格式：

⊛ 一、現金收入傳票

現金收入傳票的借方科目，恆為現金，所以只需列出對方的貸方科目便可。

企 業 名 稱

現 金 收 入 傳 票

中華民國　　年　　月　　日

（貸）　　　　　　　　　　　　　　　　　　　　　傳票編號：

會計科目或編碼	帳頁	摘　　要	金　　額
合　　計			

負責人　　　　　　經理人　　　　　　主辦會計　　　　　　經辦會計

⭐ 二、現金支出傳票

現金支出傳票的貸方科目，恆為現金，所以只需列出對方的貸方科目便可。

企 業 名 稱

現 金 支 出 傳 票

中華民國　　年　　月　　日

（借）　　　　　　　　　　　　　　　　　　　　　傳票編號：

會計科目或編碼	帳頁	摘　要	金　　額
合　　計			

負責人　　　　　　經理人　　　　　　主辦會計　　　　　　經辦會計

⊛ 三、轉帳傳票

實務上，轉帳傳票記載：

1.與現金收支無關的會計事項，意即完全沒有現金科目的分錄，例如：

| 借： | 應收帳款 | ××× | |
| 貸： | 銷貨收入 | | ××× |

2.部分與現金收支有關的會計事項，意即借或貸方有一個現金科目，其他為非現金科目的混合分錄，例如：

借：	應收帳款	×××	
	現金	×××	
貸：	銷貨收入		×××

企 業 名 稱

轉 帳 傳 票

中華民國　　年　　月　　日

傳票編號：

會計科目或編碼	帳頁	摘　　要	借方金額	貸方金額
合　　計				

負責人　　　　　　經理人　　　　　　主辦會計　　　　　　經辦會計

《商業會計法》規定：「轉帳傳票，得視事實需要，分為現金轉帳傳票及分錄轉帳傳票」，故上述轉帳傳票所記載之事項可分別填製於現金轉帳傳票及分錄轉帳傳票。

上述 1.與現金收支無關的會計事項，可記錄在分錄轉帳傳票； 2.部份與現金收支有關的會計事項則記錄在現金轉帳傳票。

分錄轉帳傳票的格式如下：

企　業　名　稱

分　錄　轉　帳　傳　票　　　　總號：_____

中華民國　　年　　月　　日　　　　分號：_____

借方科目	摘　　要	日頁	補頁	金額	貸方科目	摘　　要	日頁	補頁	金額	附單據張
	合　　計					合　　計				

經理　　　　　會計　　　　　出納　　　　　記帳　　　　　製票

現金轉帳傳票的格式如下：

企　業　名　稱

現　金　轉　帳　傳　票　　　　總號：_____

付方　　　　中華民國　　年　　月　　日　　　　分號：_____　收方

借方科目	摘　　要	日頁	補頁	金額	貸方科目	摘　　要	日頁	補頁	金額	附單據張
	現金收入					現金支出				
	合　　計					合　　計				

經理　　　　　會計　　　　　出納　　　　　記帳　　　　　製票

這一格式不用借方與貸方，改用收方與付方，以使部份的現金是收是付較為清楚。可是在簿記上收方就是貸方、付方就是借方，這觀念與現金的收

付剛好相反。收入現金時應該為借方科目現金，其對方為貸方科目；付出現金時應該是貸方科目現金，其對方為借方科目。所以我國轉帳傳票在習慣上尚用的收方與付方，最好改用借方與貸方。下面是某航空公司的現金轉帳傳票，格式上便較妥善。

受款者								收 付 款　年　月　日
製票　年　月　日			航　空　公　司　名　稱 現　金　轉　帳　傳　票					收 付 款編號
製票編號								原始憑證

會計科目 （借方）	摘要	金額	記帳頁數		會計科目 （貸方）	摘要	金額	記帳頁數	
			序時帳	明細帳				序時帳	明細帳
現金收入					現金支出				
合　　計					合　　計				

付出銀行名稱	戶數	支票 號數	支票金額	付現款 金額	合計	存入銀行名稱	戶數	存入 金額	收現 金額	合計

主管　　主辦會計人員　　主辦出納人員　　記帳人員　　覆核　　製表

領款人

　　小規模的工商業可以購買市面上現成的各種傳票使用，規模較大者其使用量也較多，宜自行設計適當的格式。小規模的工商業，每次編製一份正本便可；規模較大者，宜編製副本。在使用傳票時，一切的帳都要根據傳票再記入帳簿，所以傳票是極重要的記帳憑證，編製的副本宜與正本及帳簿分開保管。一旦傳票正本與帳簿不幸發生毀損，便可根據傳票副本，將帳簿補行記載完整。

📝 第六節　記帳憑證的要件

記帳憑證是簿記上用以記入帳簿的基本依據，所以必須使之合乎規定。不合規定的情形，主要是下列幾項：

1. 根據不合規定的原始憑證而編製者。
2. 記載的內容與原始憑證不符者。
3. 應行記載的內容而未經記載或簡略，以致不能表現會計事項的真實情形者。
4. 應經簽名蓋章而未經簽章者。
5. 記載的內容在繕寫上或計算上有錯誤，其未經更正者，或更正之處未經蓋章者。

會計事項之中，除了整理結算等少數內部事項可以沒有原始憑證之外，其餘不論內部事項與對外事項都要根據原始憑證，方可編製記帳憑證。所以在編製記帳憑證之前，先要查核原始憑證是否真實，是否合乎規定。原始憑證真實而合乎規定之後，便需確定記帳憑證上的借方與貸方科目。在編製記帳憑證時，通常應行記載的事項為：

1. 編製傳票日期：通常為會計事項發生的日期，但有時可按照收到原始憑證的日期。
2. 會計科目：根據會計事項的內容，填註會計科目。
3. 摘要：與此會計事項有關重要事項的簡要說明。
4. 金額：細數與總額，均應列入。
5. 傳票號數：對傳票所編列的分號及總號。
6. 原始憑證：除以原始憑證代替傳票者外，均應註明其有關原始憑證單據的張數與號數。
7. 簽章：凡在傳票上規定須簽章的人員，均須簽名或蓋章。通常至少為

下列三種人員：

⑴製票：即編製傳票的人。

⑵會計：或寫明為主辦會計人員，是會計上的負責人。

⑶主管：或經理，是整個業務的負責人。

在涉及現金收支的傳票，簽章的人員恆加出納，表示現金業已收付。會計機構比較大的，又常加上下列二者：

⑴覆核：使記帳憑證與原始憑證，再作一番核對，並查核會計科目是否適合，金額有無錯誤。

⑵記帳：由將傳票登入帳簿的人員簽章，表示業已登載入有關的帳簿。

第七節　傳票舉例

茲將傳票實例列示如下：

一、現金收入傳票

民國 102 年 1 月 1 日，資本主林高和投資現金$100,000開設高和商店，當日開始營業。此為現金交易，編製現金收入傳票如下：

高　和　商　店
現　金　收　入　傳　票
中華民國 102 年 1 月 1 日

總號	1
分號	收 1

（貸）

會計科目	帳頁	摘　　要	金　　額	
資本	現 1	資本主林高和投資現金 $100,000 開設高和商店，今日開始營業	$100,000	00
		合　　計	$100,000	00

附單據 1 張

經理　　　　　會計　　　　　出納　　　　　記帳　　　　　製票

帳頁欄是由記帳員在記帳以後再填上的，在編製傳票時，這欄應該空著

不填。「現 1」代表已登入現金簿的第一頁。

⊛ 二、現金支出傳票

　　1 月 5 日高和商店現購花布 100 匹 @$200，共計$20,000，並付運費 $200，皆為現金交易，編製現金支出傳票如下：

高　和　商　店
現　金　支　出　傳　票

總號	2
分號	支 1

（借）　　　　　中華民國 102 年 1 月 5 日

會計科目	帳頁	摘　　要	金　　額
進貨	現 1	花布 100 匹 @$200	$20,000 00
進貨費用	現 1	運費及裝卸費	200 00
		合　　計	$20,200 00

附單據 2 張

經理　　　　　會計　　　　　出納　　　　　記帳　　　　　製票

⊛ 三、轉帳傳票

　　1 月 6 日高和商店賒購辦公桌椅四套，每套 $500，計$2,000，為非現金的交易，用轉帳傳票（或用分錄轉帳傳票也可）。

高　和　商　店
轉　帳　傳　票

總號	3
分號	轉 1

借方　　　　　中華民國 102 年 1 月 6 日　　　　　貸方

會計科目	帳頁	摘　要	金　額	會計科目	帳頁	摘　要	金　額
生財設備	日 1	辦公桌椅四套@$500	$2,000 00	應付帳款	日 1	藍白傢俱店	$2,000 00
		合　　計	$2,000 00			合　　計	$2,000 00

附單據 1 張

經理　　　　　會計　　　　　出納　　　　　記帳　　　　　製票

四、現金轉帳傳票

1月6日高和商店銷貨予奇異公司 $30,000，計收現金一成即 $3,000，及二十天期的票據乙紙，金額 $7,000，其餘賒欠。此時一部份為現金，一部份為非現金，即混合交易，用現金轉帳傳票。

高 和 商 店

現 金 轉 帳 傳 票

總號	4
分號	轉2

借方　　　　　　　　　　　中華民國 102 年 1 月 6 日　　　　　　　　　　　貸方

會計科目	帳頁	摘　　要	金　額		會計科目	帳頁	摘　　要	金　額	
應收票據	日1	二十天期票據乙紙	$ 7,000	00	銷貨收入	日1	花布 200 匹	$30,000	00
應收帳款		奇異公司	20,000	00					
現金		現金收入	3,000	00					
		合　　計	$30,000	00			合　　計	$30,000	00

附票據1張

經理　　　　　會計　　　　　出納　　　　　記帳　　　　　製票

第八節　單式傳票

傳票像簿記的分為單式簿記與複式簿記一樣，也分為單式傳票和複式傳票。第七節舉例的傳票，都是複式傳票，有借方科目，同時也有貸方科目。而單式傳票只有單方面的科目，為借方科目，或為貸方科目。

在複式傳票上，傳票的借方或貸方可以有多個科目，例如上例的現金支出傳票，有進貨與進貨費用兩個科目；而上例的現金轉帳傳票的借方，有三個科目。單式傳票則是一個科目編製一張傳票，方便傳票按科目彙集。

現金收付傳票，其基本的科目是現金，在傳票上所顯示的科目，是現金收付的對方科目。因此，收入傳票與支出傳票兩種，不論是單式還是複式，在格式上是類似的。

　　單式與複式傳票不同之處，主要是在轉帳傳票的編製上。第七節所舉的例子，如果改為單式傳票，將如下所示：

⊛ 一、現金收入交易

高　和　商　店
現　金　收　入　傳　票

總號	1
分號	收 1

（貸）　　　　　　　　中華民國 102 年 1 月 1 日

會計科目	帳頁	摘　　要	金　　額	
資本	現 1	資本主林高和投資現金 \$100,000，開設高和商店，今日開始營業	\$100,000	00
合		計	\$100,000	00

附單據 1 張

經理　　　　　會計　　　　　出納　　　　　記帳　　　　　製票

　　傳票編號的方式很多，本例假定總號是不分類別，按照順序編列；分號則按收入、支出、轉帳分開編列，所以「收 1」就代表收入傳票第一號。

⊛ 二、現金支出交易

高　和　商　店
現　金　支　出　傳　票

總號	2
分號	支 1

（借）　　　　　　　　中華民國 102 年 1 月 5 日

會計科目	帳頁	摘　　要	金　　額	
進貨	現 1	花布 100 匹 @\$200	\$20,000	00
合		計	\$20,000	00

附單據 1 張

經理　　　　　會計　　　　　出納　　　　　記帳　　　　　製票

　　一個科目的內容，未明細分立時，則在單式傳票內，只列一個金額，因此，為簡便起見，有時可省卻合計的金額，後列的傳票便已省卻合計的金額。

<table>
<tr><td colspan="5" align="center">高 和 商 店
現 金 支 出 傳 票</td><td>總號</td><td>3</td></tr>
</table>

高 和 商 店

現 金 支 出 傳 票

總號	3
分號	支 2

（借）　　　　　中華民國 102 年 1 月 5 日

會計科目	帳頁	摘　　　要	金　　額	
進貨費用	現 1	運費及裝卸費	$200	00
合			計	

經理　　　　會計　　　　出納　　　　記帳　　　　製票

附單據 1 張

此時，進貨費用便不與進貨同在一張傳票上了。

⭐ 三、轉帳交易

高 和 商 店

轉 帳 收 入 傳 票

總號	4
分號	轉 1 $\frac{1}{2}$

（貸）　　　　　中華民國 102 年 1 月 6 日

會計科目	帳頁	摘　　　要	金　　額	
應付帳款 一藍白傢 俱店	日 1	賒購桌椅四套 @$500	$2,000	00
合			計	

經理　　　　會計　　　　出納　　　　記帳　　　　製票

附單據 張

　　轉帳收入傳票所列的科目是分錄的貸方，轉帳支出傳票所列的科目則為分錄的借方。

高 和 商 店

轉 帳 支 出 傳 票

總號	5
分號	轉 1 $\frac{2}{2}$

（借）　　　　　中華民國 102 年 1 月 6 日

會計科目	帳頁	摘　　　要	金　　額	
生財設備	日 1	桌椅四套 @$500	$2,000	00
合			計	

經理　　　　會計　　　　出納　　　　記帳　　　　製票

附單據 1 張

注意，這時傳票的編號，表示這筆轉帳交易，有二張傳票，前一張為轉字第一號傳票二張中的第一張（轉 $1\frac{1}{2}$），後者為轉字第一號傳票二張中的第二張（轉 $1\frac{2}{2}$）。

⊛ 四、混合交易

<table>
<tr><td colspan="5" style="text-align:center">高　和　商　店
轉　帳　支　出　傳　票
（借）　中華民國 102 年 1 月 6 日</td><td>總號</td><td>6</td></tr>
<tr><td colspan="5"></td><td>分號</td><td>轉 $2\frac{1}{4}$</td></tr>
<tr><td>會計科目</td><td>帳頁</td><td colspan="2" style="text-align:center">摘　　要</td><td colspan="2" style="text-align:center">金　　額</td><td>附單據張</td></tr>
<tr><td>應收帳款－奇異公司</td><td>日 1</td><td colspan="2"></td><td colspan="2">$20,000 00</td><td></td></tr>
<tr><td>合</td><td></td><td colspan="2"></td><td>計</td><td></td><td></td></tr>
</table>

經理　　　會計　　　營業　　　出納　　　記帳　　　製票

有關銷貨進貨等營業事項，在傳票上有時加營業人員的簽章。

<table>
<tr><td colspan="5" style="text-align:center">高　和　商　店
轉　帳　支　出　傳　票
（借）　中華民國 102 年 1 月 6 日</td><td>總號</td><td>7</td></tr>
<tr><td colspan="5"></td><td>分號</td><td>轉 $2\frac{2}{4}$</td></tr>
<tr><td>會計科目</td><td>帳頁</td><td colspan="2" style="text-align:center">摘　　要</td><td colspan="2" style="text-align:center">金　　額</td><td>附單據1張</td></tr>
<tr><td>應收票據</td><td>日 1</td><td colspan="2">二十天期票據乙紙</td><td colspan="2">$7,000 00</td><td></td></tr>
<tr><td>合</td><td></td><td colspan="2"></td><td>計</td><td></td><td></td></tr>
</table>

經理　　　會計　　　營業　　　出納　　　記帳　　　製票

<table>
<tr><td colspan="5" style="text-align:center">高　和　商　店
轉　帳　支　出　傳　票
（借）　中華民國 102 年 1 月 6 日</td><td>總號</td><td>8</td></tr>
<tr><td colspan="5"></td><td>分號</td><td>轉 $2\frac{3}{4}$</td></tr>
<tr><td>會計科目</td><td>帳頁</td><td colspan="2" style="text-align:center">摘　　要</td><td colspan="2" style="text-align:center">金　　額</td><td>附單據張</td></tr>
<tr><td>臨時存欠</td><td>日 1</td><td colspan="2"></td><td colspan="2">$3,000 00</td><td></td></tr>
<tr><td>合</td><td></td><td colspan="2"></td><td>計</td><td></td><td></td></tr>
</table>

經理　　　會計　　　營業　　　出納　　　記帳　　　製票

<table>
<tr><td colspan="5" style="text-align:center">高 和 商 店
轉 帳 收 入 傳 票
（貸）中華民國 102 年 1 月 6 日</td><td>總號</td><td>9</td></tr>
</table>

高 和 商 店
轉 帳 收 入 傳 票
（貸）　　　中華民國 102 年 1 月 6 日

		總號	9
		分號	轉 2 $\frac{4}{4}$

會計科目	帳頁	摘　　要	金　　額	附單據1張
銷貨收入	日 1	售與奇異公司花布 100 匹 @$300 計 $30,000 收現 $3,000，二十天期票據乙紙 $7,000，餘暫欠	$30,000 00	
合		計		

經理　　　會計　　　營業　　　出納　　　記帳　　　製票

高 和 商 店
現 金 收 入 傳 票
（貸）　　　中華民國 102 年 1 月 6 日

		總號	10
		分號	收 2

會計科目	帳頁	摘　　要	金　　額	附單據張
臨時存欠	現 1		$3,000 00	
合		計		

經理　　　會計　　　營業　　　出納　　　記帳　　　製票

這筆混合交易，有下列的特點：

1. 在複式傳票可以由一張傳票辦理的，現在要編五張傳票（一張現金收入傳票，四張轉帳傳票）。

2. 利用「臨時存欠」（或用「臨存」「臨欠」，「暫記」等名稱）科目，使轉帳交易得以借貸平衡。也就是將一筆借貸分錄分為二筆如下：

借：　應收帳款—奇異公司　　20,000
　　　應收票據　　　　　　　7,000
　　　臨時存欠　　　　　　　3,000
　　貸：　　銷貨收入　　　　　　　　　　30,000
借：　現金　　　　　　　　　3,000
　　貸：　　臨時存欠　　　　　　　　　　3,000

由上可見，單式傳票手續較繁。單式傳票手續雖然較繁，但其優點，則

在便於將傳票按科目分別歸類。在較大的機構分工辦事的，常有採用單式傳票的，尤其是金融業，這也是銀行簿記的一個特點。

🖊 第九節　傳票的作用

傳票的作用，主要如下：

1. 傳票是真實且合於法令規定的記帳憑證，非真實合法，不能成為傳票，所以在編製傳票時，便需對原始憑證或會計事項加以審核。

2. 傳票是記帳的依據。會計事項經過傳票編製與審核的手續，確定了列為借方貸方的科目與金額，使記帳的人員得以按照傳票的內容記入帳簿。

3. 傳票使記帳工作簡易。傳票規定了記帳的內容，使記帳員只須按照傳票的內容記帳，使不懂會計的人，也能擔任記帳的工作。

4. 傳票是便於查閱的工具。查一筆會計事項時，一經查出是那一號的傳票，便清楚知道其內容，並可看到有關的原始憑證。查一類會計事項，例如薪工的支出，只需查有關薪工支出的傳票，便可詳閱其原始的內容。

5. 傳票有通知作用。例如現金收支傳票，有通知出納收支的作用，進貨銷貨的傳票，有通知收貨或發貨的作用。

6. 傳票有會同審核的作用。傳票須經多人蓋章，等於是經過多人的審查，不但可以減少錯誤，而且需要負責人核准的事項，也經由正式簽章而表明業已核准。

7. 傳票有相互牽制的作用。相互牽制，可以防止或減少舞弊。傳票使現金的收支，不能憑出納單獨辦理而登帳；非現金的會計事項，也不能由記帳員或會計單獨辦理而登帳。

8. 傳票有防意外的作用。萬一所記載的帳簿，遭受意外而毀損時，可以

　　根據傳票，而重行記載。正因此故，較大的機構，傳票常另編副本，
與正本分別保管，以防意外。

　　傳票有以上多種的作用，所以我國及日本等國，都很流行傳票制度，在
原始憑證之外，另編傳票。

一、問答題

1. 會計憑證分那二類？原始憑證分那幾種？

2. 外來憑證是否即為對外憑證，二者有何不同？

3. 原始憑證遺失時須如何辦理？無法取得原始憑證時可如何辦理？

4. 原始憑證有何種情形便為不合規定？

5. 任意列舉五項原始憑證須予注意的事項。

6. 傳票有那幾種？什麼叫代傳票？

7. 記帳憑證有何種情形便為不合規定？

8. 記帳憑證上，通常應行記載的事項是些什麼？

9. 簡列傳票的作用。

二、選擇題

（　）1. 原始憑證已具備傳票的格式者，可不必編製傳票，以原始憑證代替記帳憑證稱
　　　　為：
　　　　(A)複式傳票　(B)套寫傳票　(C)總傳票　(D)代傳票　　　　【丙級技術士檢定】

（　）2. 購入商品 $10,000，付現 $2,000，餘欠，此項交易為：
　　　　(A)單項交易　(B)現金交易　(C)轉帳交易　(D)混合交易　　【丙級技術士檢定】

（　）3. 我國實務上所採用的傳票屬於？
　　　　(A)原始憑證　(B)外來憑證　C) 內部憑證　(D)記帳憑證　　【丙級技術士檢定】

（　）4. 償還貨欠，並取得現金折扣 1%，採複式傳票應編製：
　　　　(A)現金收入傳票　(B)現金支出傳票　(C)現金轉帳傳票　(D)分錄轉帳傳票
　　　　　　　　　　　　　　　　　　　　　　　　　　　　　　　　【丙級技術士檢定】

（　）5.現購商品，採複式傳票應編製：

　　　(A)現金收入傳票　(B)現金支出傳票　(C)分錄轉帳傳票　(D)現金轉帳傳票

【丙級技術士檢定】

（　）6.下列對複式傳票的敘述，何者正確？

　　　(A)可表達交易的全貌　(B)金融業採用　(C)可以科目分類整理　(D)一個會計科

　　　目記一張傳票　　　　　　　　　　　　　　　　　【丙級技術士檢定】

（　）7.用以證明交易事項發生的憑證，稱為：

　　　(A)會計憑證　(B)原始憑證　(C)記帳憑證　(D)傳票　　　【丙級技術士檢定】

（　）8.用以證明會計人員責任的憑證，稱為：

　　　(A)會計憑證　(B)原始憑證　(C)記帳憑證　(D)對外憑證　　【丙級技術士檢定】

（　）9.複式傳票是：

　　　(A)每一筆交易，填製一張傳票　(B)每一科目，填製一張傳票　(C)每一張傳票，

　　　可填寫二個以上科目　(D)一天所有交易，填製一張傳票　【丙級技術士檢定】

（　）10.賒銷商品在單式傳票下，應編製幾張傳票？

　　　(A)一張　(B)二張　(C)三張　(D)四張　　　　　　【丙級技術士檢定】

三、練習題

1.將第三章練習題1的會計事項，編為傳票。

2.將第三章練習題2的會計事項，編為傳票。

3.將第三章練習題3的會計事項，編為傳票，並在傳票下方製票處簽字或蓋章，另請同
　學一人擔任會計，一人擔任經理，在傳票上分別簽字或蓋章。簽章者必須對傳票記載
　事項，詳加審核後，方行簽章。倘簽章後所繳出的作業中，發現錯誤時，三人一同扣
　分。

4.將第五章練習題4的會計事項，先按複式傳票方式編製傳票，然後按單式傳票方式編
　製之。

5.將第五章練習題5的全部借貸分錄，以複式傳票編製之。

Memo

第七章

序時簿

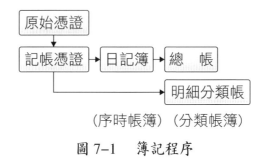 第一節　簿記程序

簿記的基本程序，可以列為簡圖如下：

```
┌──────┐
│原始憑證│
└───┬──┘
    ↓
┌──────┐   ┌────┐   ┌──────┐
│記帳憑證│→ │日記簿│→ │總　帳│
└───┬──┘   └────┘   └──────┘
    │
    │       ┌──────────┐
    └─────→ │明細分類帳│
            └──────────┘
 （序時帳簿）　（分類帳簿）
```

圖 7-1　簿記程序

第六章已經講述由原始憑證而編製記帳憑證，現在進而由記帳憑證記入帳簿。

第二節　帳簿分類

帳簿分為二大類，分別是正式簿籍與備查簿籍。

⊛ 一、正式簿籍

根據記帳憑證而記載，是正式的記錄，《商業會計法》稱之為會計帳簿。亦可分為序時帳簿與分類帳簿，分述如下：

★㈠序時帳簿

按事項發生的時間次序為主而記錄。又分為下列二種：

1. 普通序時帳簿（General Journal，簡寫為 GJ），我國一般稱為日記簿或分錄簿，對於一般會計事項按時日先後的次序登記。

2. 特種序時帳簿（Special Journal，簡寫為 SJ），我國亦稱為特種日記簿

或特種分錄簿，為對於特種事項按時日先後的次序登記。專載銷貨的銷貨簿、專載進貨的進貨簿，以及專載現金事項的現金簿，都是特種序時帳簿。

✦㈡分類帳簿

以事項歸屬的會計科目為主而記錄。上一節圖內的總帳與明細分類帳，都是分類帳簿，總帳亦稱總分類帳。

⊛ 二、備查簿籍

內容不一定根據記帳憑證而記載，是供備查參考的，例如零用金備查簿。

帳簿的分類簡圖如下所示：

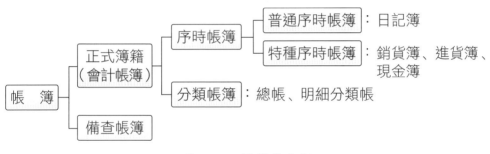

圖 7–2　帳簿的分類

🖊 第三節　各業應設置的帳簿

《商業會計法》第二十三條規定，商業必須設置的帳簿，為普通序時帳簿及總分類帳簿。製造業或營業範圍較大者，並得設置記錄成本的帳簿，或必要的特種序時帳簿及各種明細分類帳簿。

會計組織健全的，可以使用總分類帳科目日計表，以代替普通序時帳簿。金融業習慣上採用總分類帳科目日計表，有者稱之為總傳票，換言之，便是

將當日全部的傳票，按科目的借方、貸方，分別彙總。下面是總分類帳科目日計表的一個格式：

編製本表根據		
傳票種類	起訖號數	
	起	訖
收入傳票		
支出傳票		
轉帳傳票		
共　　計		張

機　構　名　稱
總分類帳科目日計表
中華民國　　年度

字第　　號　　　　　　　　　　　　　　　　　　　　　全　　　頁第　　　頁

總分類帳頁數	借方金額			科	目	貸方金額			總分類帳頁數
	合計	轉帳	現金支出			現金收入	轉帳	合計	
〰〰〰〰〰									
				合	計				

有的金融業在總分類帳科目日計表上，加上「截至本日止餘額」欄，便可一方面代替序時帳簿，另一方面代替總分類帳。茲舉一格式如下：

某　某　銀　行
日　計　表
中華民國　　年　　月　　日

會計科目	本日金額		截至本日止餘額	
	借　方	貸　方	借　方	貸　方

這時也常在日計表編製前，另編總傳票，將各科目的借貸彙總。

凡未設普通序時帳簿及總分類帳者，依《商業會計法》第七十六條規定，須處以新臺幣 6 萬元以上 30 萬元以下的罰鍰。用總分類帳科目日計表者，等

於以之代替普通序時帳簿。

下面的簿記組織系統圖，為用總分類帳科目日計表代替普通序時帳簿時的一例：

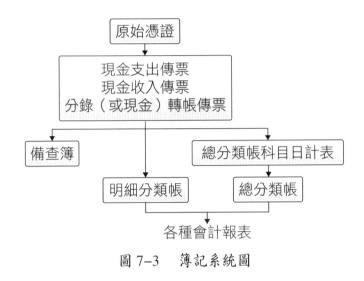

圖 7-3 簿記系統圖

📝 第四節 帳簿目錄

各企業使用帳簿，如不設置帳簿目錄，根據《商業會計法》第七十九條第二款之規定，須處新臺幣 1 萬元以上 5 萬元以下的罰鍰，這步驟常遭疏忽，需要特別注意。

《商業會計法》規定帳簿目錄，須記明所設置使用的帳簿名稱、性質、啟用及停用日期、已用及未用頁數，由商業負責人及經辦會計人員會同簽字。

帳簿目錄按理應該是一個記帳的機構全部帳簿的目錄，實務上則常為每一本帳簿，在首頁加印一頁，以資記載，格式有如下例：

企　業　名　稱
帳　簿　目　錄
_____年度

第　　頁

帳簿名稱	日　期		頁　數		相關人員簽字		備　　註
	啟用	停用	已用	未用	經辦會計	負責人	

　　有些較大機構，除了另編全部的帳簿目錄之外，對每本帳簿，加附帳簿啟用表，格式如下：

帳　簿　啟　用　表

公司名稱		新中興業公司		類　別			
總　經　理				帳簿名稱			
主辦 會計 人員	職別	會計處長		帳簿號碼	第		號
	姓名			帳簿頁數	本帳簿共		頁
	蓋章			啟用日期	中華民國　年　月　日		

經　　管　　人　　員			接　管		移　交		備　　　　　註
職　別	姓　　　名	蓋章	年 月 日		年 月 日		

第五節　記帳本位

　　記帳本位，就是簿記在記帳時的貨幣單位。《商業會計法》第七條規定以國幣為記帳本位，但可依法令而用當地通用貨幣為記帳單位。民國 38 年臺灣省政府公布《新臺幣發行辦法》第七條規定：「自本辦法公布之日起，本省公私會計之處理，一律以新臺幣為單位。」相沿迄今，新臺幣為通用貨幣，所以

公私會計，都以新臺幣為記帳本位。由帳簿所產生的會計報表，也以新臺幣為單位，簡寫為 NT$，帳簿記載時，常將 NT 省略。

《商業會計法》第七條也規定，商業因業務上有實際需要，可以外國貨幣記帳，此時須注意二點：

1. 在決算表中，須將外國貨幣折合為國幣或當地通用的貨幣。決算表主要指年度終了時所編的損益表、權益變動表、現金流量表及資產負債表等。

2. 帳上的文字，仍須以中文為主，但可加註或併用外國文字。

會計上係假定記帳本位的貨幣價值不變，所以習慣上不考慮幣值對記帳本位的影響。事實上各國的貨幣都有幣值的變化。記帳時如果顧及幣值的變化，處理上便較複雜。但在用外國貨幣記帳而至決算日折合為國幣或當地通用貨幣，則在同一年度之內兩種不同的貨幣，可能有多種的折合率，這時候須按照會計上處理不同幣值的原則，妥善處理。

臺灣是個海島，對外貿易頻繁，各商業也常在國外設立分支機構，對於不同貨幣的折合，在實務上常會遇及。凡在國外的機構，記帳的本位須遵照當地政府的規定。

🖊 第六節　序時簿記載實例

茲舉一實例，以說明實際應用記帳方法。假定光隆紙行於民國 102 年 12 月開設，其 12 月份發生的會計事項及其借貸分錄如下：

1. 12 月 1 日　資本主王輝獨資開設光隆紙行，經營紙張批發業務，投資下列各項資產開始營業：

現金	$900,000
地產（座落本市成都路○○號）	100,000
房屋（同上）	200,000

借貸分錄：

現金	900,000	
土地	100,000	
房屋	200,000	
資本主投資—王輝		1,200,000

2. 12 月 2 日　以現金 $50,000 存入大中紙業公司（臺北市懷寧街○○號），取得該公司紙張代銷權。

存出保證金	50,000	
現金		50,000

　注意：此時支出的 $50,000 是以現金換入將來可收回的資產。代銷權雖是營業權利，但沒有特別付出代價，可以不必另作分錄表示。

3. 12 月 3 日　以現金 $800,000 存入第一銀行，開立甲種活期存款戶，另以現金 $16,000 安裝電話 #77430 一具，內包括保證金 $1,000（未攤提費用須列為資產，將來按五年攤為費用）。

銀行存款	800,000	
現金		800,000
存出保證金	1,000	
未攤提費用	15,000	
現金		16,000

4. 12 月 4 日　現付事務員梁克用週轉金 $3,000。

零用金	3,000	
現金		3,000

5. 12 月 5 日　購入新三東機車三輛 $25,000，營業用器具 $12,000，分別開立第一銀行 #1 及 #2 支票付訖。

運輸設備	25,000	
銀行存款		25,000
生財器具	12,000	
銀行存款		12,000

6. 12 月 6 日　向大中紙業公司買入各項紙張共計 $952,000：

　　　50 磅印書紙 1,000 令 @$200　　共計 $200,000
　　　60 磅模造紙 500 令 @$300　　共計 $150,000
　　　210 磅雙面白板紙 300 令 @$1,000　　共計 $300,000
　　　100 磅牛皮紙 500 令 @$604　　共計 $302,000

開立第一銀行 #3 支票乙紙 $200,000；開立五十天期票據乙紙 $400,000，餘款 $352,000 暫欠。

進貨	952,000	
銀行存款		200,000
應付票據		400,000
應付帳款		352,000

7. 12 月 7 日　代同業聯興號 (高雄市七賢三路〇〇號) 付貨款 $10,000。

| 代付款 | 10,000 | |
| 現金 | | 10,000 |

8. 12 月 8 日　售與西昌紙行 (基隆市基二路〇〇號) 各項紙張共計 $656,500：

　　　50 磅印書紙 1,000 令 @$220　　共計 $220,000
　　　60 磅模造紙 400 令 @$310　　共計 $124,000
　　　210 磅雙面白板紙 150 令 @$1,050　　共計 $157,500
　　　100 磅牛皮紙 250 令 @$620　　共計 $155,000

收到第一銀行 #101 戶支票乙紙 $200,000，即轉存第一銀行，四十五天

期票據乙紙 $300,000，餘款 $156,500 暫欠。

銀行存款	200,000	
應收票據	300,000	
應收帳款	156,500	
銷貨收入		656,500

9. 12 月 9 日　員工借支薪津 $2,000，以現金支付。又以現金支付文華紙廠（臺中市豐原區中山路○○號）進貨定金 $5,000。

員工借支	2,000	
現金		2,000
預付貨款	5,000	
現金		5,000

10. 12 月 10 日　6 日暫欠大中紙業公司的貨款，以第一銀行 #4 支票 $350,000 付訖，餘 $2,000 作為折讓。

應付帳款	352,000	
進貨折讓		2,000
銀行存款		350,000

11. 12 月 11 日　前向大中紙業公司購進白板紙，因銷路欠佳，退還該公司 50 令單價 $1,000，價款 $50,000，即作為向該廠另購 50 磅印書紙 1,000 令的定金。

預付貨款	50,000	
進貨退出		50,000

12. 12 月 12 日　預付中國紙廠（嘉義市中正路○○號）進貨定金 $100,000，開立第一銀行 #5 支票。

預付貨款	100,000	
銀行存款		100,000

13. 12 月 13 日　本店以多餘資金，暫購短期公債 $9,000，作為短期投資。

短期投資	9,000	
現金		9,000

14. 12 月 14 日　售與臺北市仁愛街○○號南方紙行各項紙張共計 $78,000：

60 磅模造紙 50 令 @$320　　共計 $16,000

100 磅牛皮紙 100 令 @$620　　共計 $62,000

收到華南銀行 12 月 16 日 #200 戶支票乙紙 $50,000，餘 $28,000 暫欠。

應收票據	50,000	
應收帳款	28,000	
銷貨收入		78,000

15. 12 月 15 日　與第一銀行訂定 $500,000 為限的透支合約。需貼印花稅 $100，已由事務員在零用金內支領。

不必作借貸分錄，僅需在銀行存款帳上註明便可。零用
金內的支出，將來由事務員另辦報銷，現在也不必作分
錄，參 12/31 的帳。

16. 12 月 16 日　本店投資新北市板橋區中華紙器公司，購入該公司股票 1 萬股，每股票面金額 $5 共計 $50,000，付與第一銀行 #6 支票。又南方紙行 12 月 14 日交來的華南銀行支票，今日到期，送第一銀行，提出票據交換。

長期投資	50,000	
銀行存款		50,000
銀行存款	50,000	
應收票據		50,000

17. 12 月 17 日　租用電力公司電表押金 $1,000，本日以現金付訖。

  存出保證金   1,000
   現金   1,000

18. 12 月 18 日　預收元昌紙行（臺南市開元路○○號）訂貨定金 $100,000。

  現金   100,000
   預收貨款   100,000

19. 12 月 19 日　向文華紙廠購進下列貨品共計 $701,000：

   50 磅印書紙 1,000 令 @$200 共計 $200,000
   60 磅道林紙 500 令 @$420 共計 $210,000
   50 磅模造紙 500 令 @$240 共計 $120,000
   100 磅包裝紙 1,000 令 @$171 共計 $171,000

除抵扣進貨定金 $5,000 及開立第一銀行 12 月 21 日 #7 支票 $465,000外，暫欠 $230,000，餘 $1,000 作為折讓。

  進貨   701,000
   預付貨款   5,000
   應付票據   465,000
   應付帳款   230,000
   進貨折讓   1,000

20. 12 月 20 日　承租臺灣倉庫公司倉庫二間，頂費（取得房屋使用權所支付的費用）$10,000，租用期間十年，每月租金 $1,000，每三個月預付一次，將於卜月交付。開立第一銀行 #8 支票 $10,667 結付頂費及至本月底止的租金❶。

---

❶ 頂費列為租賃權益，將來按租期攤銷。12 月租金支出 $= 1,000 \times 2 \times \dfrac{10}{30} = 667$。

租賃權益	10,000	
租金支出	667	
銀行存款		10,667

現收出納員張謀保證金 $10,000。

現金	10,000	
存入保證金		10,000

21. 12 月 21 日　12 月 19 日開給文華紙廠第一銀行 #7 支票到期。

應付票據	465,000	
銀行存款		465,000

售與元昌紙行下列商品，共計 $538,000：

50 磅印書紙 800 令 @$220	共計 $176,000
60 磅道林紙 500 令 @$460	共計 $230,000
50 磅模造紙 200 令 @$270	共計 $54,000
100 磅包裝紙 400 令 @$195	共計 $78,000

收到該行交來：

(1)華南銀行 #108 戶支票 12 月 26 日乙紙計 $300,000。

(2)三十天期票據乙紙 $100,000。

(3)扣除前收訂貨定金 $100,000。

(4)除收到上列各款外，尚欠 $38,000。

應收帳款	38,000	
預收貨款	100,000	
應收票據	400,000	
銷貨收入		538,000

又接新竹客戶喜帖，郵匯禮金祝賀，計付 $106，內計：

(1)匯費 $6。

(2)禮金 $100。

| 交際費 | 106 | |
| 現金 | | 106 |

22. 12 月 22 日　現付 12 月份同業公會會費 $200，職員李奇因夫人生產，
暫借 $2,000，付以現金。

團體會費	200	
現金		200
員工借支	2,000	
現金		2,000

23. 12 月 23 日　賒銷臺北市衡陽路〇〇號光元紙行 50 磅模造紙 100 令
@$270 計 $27,000，牛皮紙 100 令 @$620 計 $62,000，共計 $89,000，
約定2/10，n/30❷。

| 應收帳款 | 89,000 | |
| 銷貨收入 | | 89,000 |

24. 12 月 24 日　臺南堅美紙器廠向本店租用房屋一間作為聯絡處，交來
本月份房租 $2,000，扣去租賃所得稅 $100❸，實收現金 $1,900。

現金	1,900	
預付所得稅	100	
租金收入		2,000

25. 12 月 26 日　自香港德輔道中元茂行購進銅版紙 100 令，每令
HK$100，計 HK$10,000，向臺灣銀行辦理結匯，港幣兌新臺幣匯率為
1：7.02，付結匯手續費 $400，勞軍捐款 $875，簽證費 $175.5，郵費

❷　2/10，n/30 表示十日內付現時，給予付現折扣 2%，超過十日，不再給付現金折
扣，至三十天為貨款到期，過三十天便為逾期不守信用。

❸　扣去的租賃所得稅，將來可以抵繳營利事業所得稅，不可作為費用支出，是預付
所得稅的性質。

$15，並購買政府公債 $2,000。

預付結匯款	71,665.50	
短期投資	2,000.00	
現金		73,665.50

元昌紙行 12 月 21 日交來華南銀行 #108 戶支票到期，存第一銀行提出票據交換。

| 銀行存款 | 300,000 | |
| 　應收票據 | | 300,000 |

26. 12 月 27 日　現付自來水費 $300、臺灣電力公司表燈電費 $1,000、文具用品費 $2,000、印刷費 $1,500、電話費 $600、職員旅費 $3,000、交際費 $1,500、廣告費 $2,000 及運費 $3,300，共計 $15,200。

水電費	1,300	
文具用品費	2,000	
印刷費	1,500	
郵電費	600	
旅費	3,000	
交際費	1,500	
廣告費	2,000	
運費	3,300	
現金		15,200

27. 12 月 28 日　付勞軍捐款 $1,000，開第一銀行 #9 支票。

| 自由捐贈 | 1,000 | |
| 　銀行存款 | | 1,000 |

28. 12 月 30 日　向臺北市長沙街○○號華昇木器行賒購寫字檯二張及貨櫃二個。

生財器具	1,800	
應付帳款—華昇木器行		1,800

29. 12 月 31 日　支付 12 月份員工薪津 $17,000，代扣薪資所得稅 $30，代扣員工保險費 $150，及扣回借支 $2,000，餘開第一銀行 #10 支票領款付訖。事務員檢具憑證報告 12 月份零星支出計 $1,000，包括本月 15 日辦理透支契約所貼的印花 $100 在內，開第一銀行 #11 支票 $1,000 交總務科❹。

薪資支出	17,000	
代收款		180
員工借支		2,000
銀行存款		14,820
稅捐	100	
雜費	900	
銀行存款		1,000

　　以上的各筆會計事項需作借貸分錄的，都已列明借貸。序時簿便是將以上的借貸分錄按序記入。因為所記的是分錄，所以稱為分錄簿，因為是按時間先後記入的，所以稱為序時簿，因為是按日記載的，所以我國稱之為日記簿。

📝 第七節　用普通日記簿記載

　　序時帳簿使用普通日記簿時，是將全部的分錄，都記入這本日記簿；用特種日記簿時，則將有關特種事項的分錄，記入特種日記簿，僅將不記入特種日記簿的一般事項，記入普通日記簿。

　　現在假定光隆紙行開張之初，在 12 月份只啟用了一本普通日記簿（簡稱

---

❹　事務員先用所領到供零用的週轉金，付零星開支，然後一次彙集報帳，使零用金可以循環使用。

為日記簿），茲將以上的分錄記入日記簿如下。日記簿內所指的類頁，是指總分類帳的頁次，詳見第九章。

以上的分錄，分別編為現金收入傳票，現金支出傳票及轉帳傳票。12 月份共編製 38 張傳票，內計：

現金收入傳票　　　　4 張
現金支出傳票　　　22 張
轉帳傳票　　　　　12 張

光隆紙行的日記簿，按分錄的時日序次，登載如下：

光　隆　紙　行
日　記　簿

第 1 頁

102 年 月	日	傳票號碼	會計科目	摘　要	類頁	借方金額		貸方金額	
12	1	轉 1	現金	資本主王輝獨資開設光隆紙行經營紙張批發業務，投資各項資產開始營業，房地產座落臺北市成都路○○號	1	$ 900,000	00		
			土地		21	100,000	00		
			房屋		22	200,000	00		
			資本主投資—王輝		51			$1,200,000	00
	2	支 1	存出保證金	交存大中紙業公司保證金 $50,000，取得該公司紙張代銷權	31	50,000	00		
			現金		1			50,000	00
	3	支 2	銀行存款	以現金 $800,000 存入第一銀行，開立甲活存	3	800,000	00		
			現金		1			800,000	00
	3	支 3	存出保證金	以現金 $16,000 安裝電話 #77430一具，內包括保證金 $1,000	31	1,000	00		
			未攤提費用		29	15,000	00		
			現金		1			16,000	00
	4	支 4	零用金	付事務員梁克用週轉金	2	3,000	00		
			現金		1			3,000	00
	5	支 5	運輸設備	購入新三東機車三輛，開立第一銀行 #1 支票	23	25,000	00		
			銀行存款		3			25,000	00
	5	支 6	生財器具	購營業用器具，開立第一銀行 #2 支票	24	12,000	00		
			銀行存款		3			12,000	00
				過　次　頁		$2,106,000	00	$2,106,000	00

102 年 月	日	傳票號碼	會計科目	摘　　要	類頁	借方金額		貸方金額	
				承　前　頁		$2,106,000	00	$2,106,000	00
12	6	轉 2	進貨	向大中紙業公司進印書紙 1,000 令 @$200，模造紙 500 令 @$300，雙面白板紙 300 令 @$1,000，牛皮紙 500 令 @$604，共計 $952,000。開立第一銀行 #3 支票及五十天期票據，餘欠	71	952,000	00		
			銀行存款		3			200,000	00
			應付票據		43			400,000	00
			應付帳款一大中紙業公司		42			352,000	00
	7	支 7	代付款	代同業聯興號支付貨款	19	10,000	00		
			現金		1			10,000	00
	8	轉 3	銀行存款	西昌紙行印書紙 1,000 令 @$220，模造紙 400 令 @$310，雙面白板紙 150 令 @$1,050，牛皮紙 250 令 @$620，共計 $656,500，收第一銀行 #101 戶支票乙紙即存入銀行。四十五天期票據乙紙，餘款暫欠（基隆市基二路○○號）	3	200,000	00		
			應收票據		8	300,000	00		
			應收帳款一西昌紙行		6	156,500	00		
			銷貨收入		61			656,500	00
	9	支 8	員工借支	支付員工借支薪津	17	2,000	00		
			現金		1			2,000	00
	9	支 9	預付貨款	支付文華紙廠進貨定金 $5,000	12	5,000	00		
			現金		1			5,000	00
	10	轉 4	應付帳款一大中紙業公司	付 6 日大中紙業公司貨款 $352,000。折讓 $2,000，餘以第一銀行#4支票付訖	42	352,000	00		
			進貨折讓		79			2,000	00
			銀行存款		3			350,000	00
	11	轉 5	預付貨款	白板紙 50 令 @$1,000 因銷路不佳退還大中紙業公司，價款作為訂購印書紙的定金	12	50,000	00		
			進貨退出		78			50,000	00
	12	支 10	預付貨款	預付嘉義中國紙廠定金開立第一銀行#5支票	12	100,000	00		
			銀行存款		3			100,000	00
	13	支 11	短期投資	購買短期公債計 $9,000	5	9,000	00		
			現金		1			9,000	00
				過　次　頁		$4,242,500	00	$4,242,500	00

102 年		傳票	會計科目	摘　要	類	借方金額		貸方金額	
月	日	號碼			頁				
				承　前　頁		$4,242,500	00	$4,242,500	00
12	14	轉 6	應收票據	南方紙行模造紙 50 令	8	50,000	00		
			應收帳款—南方紙行	@$320，牛皮紙 100 令	6	28,000	00		
				@$620，共計 $78,000，收到					
			銷貨收入	華南銀行 12 月 16 日 #200	61			78,000	00
				戶支票乙紙 $50,000，餘暫欠					
				（臺北市仁愛街○○號）					
	16	支 12	長期投資	投資板橋中華紙器公司股票	20	50,000	00		
			銀行存款	1 萬股，每股票面金額 $5，	3			50,000	00
				開第一銀行 #6 支票乙紙					
	16	收 1	銀行存款	將南方紙行的華銀支票存入	3	50,000	00		
			應收票據	第一銀行	8			50,000	00
	17	支 13	存出保證金	租用電力公司電表押金	31	1,000	00		
			現金		1			1,000	00
	18	收 2	現金	預收臺南元昌紙行訂貨定金	1	100,000	00		
			預收貨款		44			100,000	00
	19	轉 7	進貨	向文華紙廠購入印書紙	71	701,000	00		
			預付貨款	1,000 令 @$200，道林紙 500	12			5,000	00
			應付票據	令 @$420，模造紙 500 令	43			465,000	00
			應付帳款—文華紙廠	@$240，包裝紙 1,000 令 @$171，共計 $701,000，除	42			230,000	00
				抵扣前付定金 $5,000 外，開					
			進貨折讓	立第一銀行 #7 支票 $465,000(12/21)　並折讓	79			1,000	00
				$1,000，餘暫欠					
	20	支 14	租賃權益	承租臺灣倉庫公司倉庫二間	28	10,000	00		
			租金支出	付頂費 $10,000，另付至本月	120	667	00		
			銀行存款	底止的租金，開立第一銀行	3			10,667	00
				#8 支票付訖					
	20	收 3	現金	收出納員張謀保證金	1	10,000	00		
			存入保證金		46			10,000	00
				過　次　頁		$5,243,167	00	$5,243,167	00

102 年 月	日	傳票號碼	會計科目	摘　要	類頁	借方金額	貸方金額
				承　前　頁		$5,243,167 00	$5,243,167 00
12	21	支 15	應付票據	12 月 19 日開給文華紙廠第一銀行 #7 支票今日到期	43	465,000 00	
			銀行存款		3		465,000 00
	21	轉 8	應收帳款一元昌紙行	臺南元昌紙行印書紙 800 令 @$220， 道林紙 500 令 @$460， 模造紙 200 令 @$270， 包裝紙 400 令 @$195， 共計 $538,000，除收華南銀行#108戶 12 月 26 日支票$300,000及三十天期票據乙紙 $100,000 並扣除前收定金外，餘暫欠	6	38,000 00	
			預收貨款		44	100,000 00	
			應收票據		8	400,000 00	
			銷貨收入		61		538,000 00
	21	支 16	交際費	郵匯結婚禮金給新竹客戶計付匯費 $6，禮金 $100	110	106 00	
			現金		1		106 00
	22	支 17	團體會費	現付 102 年 12 月份同業公會會費 $200	122	200 00	
			現金		1		200 00
	22	支 18	員工借支	職員李奇妻生產借支 $2,000	17	2,000 00	
			現金		1		2,000 00
	23	轉 9	應收帳款一光元紙行	賒銷光元紙行模造紙 100 令 @$270， 牛皮紙 100 令 @$620，共計 $89,000，約定 2/10, n/30 (臺北市衡陽路○○號)	6	89,000 00	
			銷貨收入		61		89,000 00
	24	轉 10	現金	堅美紙器廠交來本月份租金，扣除租賃所得稅 $100，實收現金 $1,900	1	1,900 00	
			預付所得稅		15	100 00	
			租金收入		68		2,000 00
	26	支 19	預付結匯款	向香港元茂行進銅版紙 100 令，結匯 HK$10,000，付臺銀共 $73,665.50，內包括結匯附購政府公債 $2,000	11	71,665 50	
			短期投資		5	2,000 00	
			現金		1		73,665 50
	26	收 4	銀行存款	元昌紙行華南銀行 #108 戶支票提出交換	3	300,000 00	
			應收票據		8		300,000 00
				過　次　頁		$6,713,138 50	$6,713,138 50

| 102年 | | 傳票 | 會計科目 | 摘 要 | 類 | 借方金額 | | 貸方金額 | |
月	日	號碼			頁				
				承 前 頁		$6,713,138	50	$6,713,138	50
12	27	支 20	水電費	水費 $300，電費 $1,000	105	1,300	00		
			文具用品費	本月開支	106	2,000	00		
			印刷費	本月開支	107	1,500	00		
			郵電費	12 月份電話費	108	600	00		
			旅費	本月開支	109	3,000	00		
			交際費	本月開支	110	1,500	00		
			廣告費	本月開支	112	2,000	00		
			運費	本月開支	113	3,300	00		
			現金		1			15,200	00
	28	支 21	自由捐贈	付勞軍捐款，開立第一銀行	121	1,000	00		
			銀行存款	#9 支票	3			1,000	00
	30	轉 11	生財器具	向華昇木器行賒購寫字檯二	24	1,800	00		
			應付帳款 —華昇木 器行	張及貨櫃二個	42			1,800	00
	31	轉 12	薪資支出	付 12 月份員工薪資，代扣薪	101	17,000	00		
			代收款	資所得稅 $30 及員工保險費	47			180	00
			員工借支	$150，並扣回借支$2,000，	17			2,000	00
			銀行存款	開立第一銀行 #10 支票	3			14,820	00
	31	支 22	稅捐	12 月份雜支，開立第一銀行	119	100	00		
			雜費	#11 支票交總務科	128	900	00		
			銀行存款		3			1,000	00
				合 計		$6,749,138	50	$6,749,138	50

　　日記簿上各頁借方與貸方金額的結計總數，足以證明借方與貸方的平衡。本來可以各頁自成段落，不必將之過入次頁，但是因為：

　　1.有時一筆借貸分錄，分跨兩頁，不能在一頁內同時記入借貸二方，以致該頁便無法自行平衡，必須依賴過次頁的方法結轉到下頁去。

　　2.各頁的總額連貫累計，直至月底結總，可以防範事後改變記載的金額。

例如 12 月 6 日轉 2 號傳票進貨 \$952,000 要改為 \$953,000，並在貸方將應付帳款改為 \$353,000，在各頁單獨結算金額的總數時，比較容易更改，只要將這一頁末的總額，都從 \$4,242,500 改為 \$4,243,500 便可成功。可是現在累計結總，要想更改時，以後各頁結總的金額，都受影響而需更改了。

帳簿的記載，要信實可靠，所以對於事後的更改，甚為鄭重。像上述的例子，倘使確是原來記載錯誤，便應該另行補編一張傳票，借方補入 \$1,000 進貨，貸方補入 \$1,000 應付帳款。「補編傳票」的作用是使這件事情，經過會計事項驗證及核准的手續，以示鄭重。簿記人員遇到記載錯誤的時候，應該儘量採用補編傳票的方式，切勿塗擦或自行更改。倘使是顯明的筆誤，也須按照簿記規則，照第一章第五節的第 4 點所述辦理。

📝 第八節　銀行往來

一般的工商行號都會有和銀行往來之業務。一方面將大宗的現款存於銀行，以減少存留現金的風險；一方面對現金的支付，利用支票辦理，以省卻現金點數與搬運的麻煩。許多商號在銀行內同時開立兩種存款，一種是領用支票、無利息的甲種活期存款戶（簡稱甲活存）；一種是憑摺支取、有利息的乙種活期存款戶（簡稱乙活存）。有的對於現金善於管理，尚另存短期的定期存款或通知存款，以獲取較高的存息。

與銀行的往來，不只是單方面的存款，還可進而向銀行融通借款，上例光隆紙行，已經提到與銀行訂立透支契約，在存款偶有不足的時候，可以透支，而透支的資金則源自於銀行。上例光隆紙行雖然訂立了透支契約，實際上未立即動用透支，所以在訂立透支契約時，不需作借貸分錄。到了真正已經透支，習慣上也是到編製財務報表時，方將之改在負債類內表明。

光隆紙行也利用銀行的支票，作為應付票據。這是我國商場上特有的習

慣，稱為遠期支票。商號在開出遠期支票時，須特別鄭重，同時宜設置應付遠期支票登記簿，按到期的日期序列，以便對未到期的票據，在財務上預行調度，使能如期兌現。收進客戶開來的遠期支票，也須設簿備查，以便按期存入銀行。

在銀行開戶之後，現金便成二種形態，一為手存現金，通常稱為現金或庫存現金 (Cash on Hand)，一為銀行存款 (Cash in Bank)。此時的現金收付，有時是完全現金，有時則經由銀行。現金收付傳票，最好能將收付的情形表明，例如在現金收入傳票的下方，可加：

　　　　存入××銀行×××戶　　$

　　　　收入現金　　　　　　　　$

在現金支出傳票的下方可加：

　　　　交付××銀行×××戶支票×××××號 $

　　　　付予現金　　　　　　　　　　　　　$

或者在現金收付傳票上，對於經由銀行者加蓋銀行往來的顯明戳記或標誌。如果一部份開予即期支票，一部份給予現金時，則可加蓋如下的戳記而將金額填入：

銀行存款	$
現　　金	$

✒ 第九節　銀行存款與現金間的交易

將一部份現金存入銀行以經由銀行收付之後，常會發生下列事項：

　1.由銀行提取現金供用。

　2.將多餘現金存往銀行。

這二種事項，都是現金形態之間的改變，也等於是現金存放地點的改變，

在實務上有多種帳務處理的辦法。比較妥善的辦法，宜為：

1. 將多餘現金存往銀行時，用現金支出傳票，作為現金支出，像上例的支字第 2 號傳票。

2. 由銀行提取現金供用時，用現金收入傳票，作為現金收入。這樣的辦法，使之經過現金收付傳票的編製手續，也就是在出納人員之外，要經過會計與商號負責人的核准，可以符合內部牽制的原則。

一、問答題

1. 試繪簿記基本程序的簡圖。

2. 倘使用總分類帳科目日計表代替普通序時簿，試簡明繪示其簿記組織系統圖。

3. 帳簿可分為那二大類？會計帳簿又分為那二類？

4. 普通序時帳簿與持種序時帳簿有何不同？

5. 什麼是各業必須設置的帳簿？未設置時，按《商業會計法》，有何處罰？

6. 在我國境內，可否用外幣記帳？可否單用外國文字記載帳簿？

7. 試按第一章第五節的簿記重要規則，列出帳簿記載時的重要規則。

8. 商號按習慣而開出遠期支票時，在簿記上宜有如何的處理？

二、選擇題

（　）1. 依《商業會計法》規定，企業之主要帳簿為：

(A)日記簿及日計表　(B)分類帳及明細分類帳　(C)備查簿與分類帳　(D)序時帳簿及分類帳簿　　　　　　　　　　　　　　　　　　【丙級技術士檢定】

（　）2. 日記簿是以下列何者為主體之序時簿？

(A)科目　(B)交易　(C)財務報表要素　(D)財產增減　　　【丙級技術士檢定】

（　）3. 所謂「日記簿」，下列各種帳簿的名稱那一項是不正確的？

(A)原始記錄簿　(B)序時帳簿　(C)分錄簿　(D)終結記錄簿　【丙級技術士檢定】

（　）4. 終結帳簿是指：

(A)序時簿　(B)分類帳　(C)日記簿　(D)分錄簿　　　【丙級技術士檢定】

（　）5.明細分類帳又稱為：

(A)備查簿　(B)序時帳簿　(C)原始帳簿　(D)補助帳簿　　　【丙級技術士檢定】

（　）6.開立五十天期票據償還貨欠則使：

(A)負債總額增加　(B)負債總額減少　(C)負債總額不變　(D)資產總額減少

【丙級技術士檢定】

（　）7.簽發遠期支票償還貨欠，依規定在票載發票日前，不得為付款之提示，故應以
何科目入帳？

(A)應收票據　(B)銀行存款　(C)應付票據　(D)應付帳款　　【丙級技術士檢定】

（　）8.如將廣告費誤記為保險費時，則更正分錄應：

(A)借：保險費　(B)借：廣告費　(C)貸：現金　(D)貸：廣告費

【丙級技術士檢定】

（　）9.以下關於序時帳簿的敘述何者正確？

(A)係表達某一科目的明細狀況　(B)分為普通日記簿及現金日記簿　(C)其格式
分為帳戶式及餘額式　(D)分為總分類帳及明細分類帳

（　）10.客戶分店開張，公司致贈花籃祝賀，請問購買花籃要以下列那一會計科目表達？

(A)雜費　(B)銷貨費用　(C)薪資支出　(D)交際費

三、練習題

1.將本章光隆紙行 102 年 12 月份的會計事項，全部編為正式的傳票，並以四人為一組，
互相輪流擔任製票，出納，會計，經理，在傳票上簽字或蓋章。

2.將本章光隆紙行 102 年 12 月份的帳，按單式簿記予以記載，並以之與本章的實例記
載相比較，列示其不同之處。

3.將第五章練習題 5 所作榮泰商行的全部借貸分錄，登入日記簿。倘榮泰商行的借貸分
錄尚未全部編出，則先行補編，然後登入日記簿。

4.將下列大光商行的會計事項編製傳票，並載入日記簿。

民國 102 年 8 月 1 日

(1)趙大光投資現金 \$50,000，開設大光商行，買賣鐵床。

(2)買進三種不同款式的鐵床各十張，計甲型鐵床每張 \$1,000，乙型鐵床每張 \$600，丙型鐵床每張 \$1,600，每一種床設立一會計科目。

(3)付房租 \$600。

(4)賒售與錢慶乙型鐵床三張（題(2)所購進者），每張 \$900。

8 月 2 日

(5)向堅固鐵床公司賒購丁型鐵床二十張，每張 \$500。

(6)購進沙發（自用）一張，計付現金 \$500。

(7)現售丙型鐵床二張（題(2)所購進者），每張 \$2,400。

(8)自錢慶處收到帳款 \$400。

(9)賒售與錢慶甲型鐵床二張（題(2)所購進者），每張 \$1,050。

(10)付縣政府牌照稅 \$50（入稅捐科目）。

8 月 5 日

(11)自聯益商行購進乙型鐵床三張，每張 \$550，約定三十天內付款。

(12)賒售與孫三友丁型鐵床一張 \$600。

8 月 8 日

(13)現售丁型鐵床一張 \$600。

(14)付銷貨員薪金 \$900。

(15)付堅固鐵床公司帳款 \$4,000。

　　注意：在作第(2)題至第(4)題時，類頁欄除需打「✓」符號者外，一概暫不必填寫。

同時須留意：

(1)字跡應端正，墨水勿滲漏。

(2)錯誤勿用橡皮擦拭、刀刮或用藥水塗銷，應照簿記規則所定的更正辦法辦理。

(3)最好用有鋼邊的尺劃線，避免沾污及彎曲。

(4)每頁末應結一總數，以察有無錯誤或遺漏。

(5)每頁開始，如有上頁結轉而過次頁的數額，切勿忘記結轉。

現金日記簿

第一節　分設現金日記簿

上章已經提及，現金日記簿（簡稱現金簿）是專記現金這類特種事項的日記簿，所以是特種序時帳簿中的一種。

單式簿記專記現金事項，是不完全的簿記，因為現金事項以外的會計事項，便非單式簿記所能收容。所以，單式簿記時的現金簿，與雙式簿記時的現金日記簿，雖然形式上可以相同，其意義卻大為不同。在單式簿記時，現金簿是簿記記載的主體，雙式簿記時，則凡有特種日記簿，必另有普通日記簿，以記載特種日記簿以外的會計事項。

因此，在雙式簿記時設立的現金日記簿，主要有下列的作用：

1. 集中現金收支的記載，便利現金的調度與管理。
2. 帳務可以分工，日記簿分為多本，可由多人分別經管登載。
3. 一般企業的會計事項，以現金收付占多數，專設現金簿後，可使帳務的記載較為簡化。例如當月的現金收入與現金支出，可以到月底彙集為總數之後，一次過帳到總分類帳去。上一章光隆紙行有 38 張傳票，其中現金支出傳票達 22 張,現金收入傳票 4 張,有關現金收付的帳項，約達 70%，將之彙總過帳，自可較為簡化。

第二節　現金簿的格式

現金日記簿的格式，主要可以分為下列數種:

★ 一、按收付方是否分立而分

1. 收付方合為一本者。
2. 收付方分開者，收方稱為現金收入簿，付方稱為現金支出簿。

二、按是否設立專欄而分

1. 完全不設專欄，僅有一欄現金數額。
2. 金額欄分為現金及銀行存款兩欄。
3. 除現金一欄之外，銀行存款部份，按往來的銀行或存款戶別，分設專欄。
4. 收付的對方科目，分設專欄記載，本書第二章榮泰商行的現金收支簿，便已將收支的對方科目，分別設立銷貨與進貨的專欄，專記現金銷貨及現金進貨。

第三節　現金簿格式舉例

現金簿有二種格式:

一、帳戶式

現 金 簿　　　　第　頁

收方　　　　　　　　　　　　　　　　　　　　　付方

年		貸方科目	摘要	類頁	金額	年		借方科目	摘要	類頁	金額
月	日					月	日				

⭐ 二、餘額式

現　金　簿　　　　　　　　　　　　　第　頁

年 月 日	會計科目	摘　　要	類頁	收入金額	支出金額	餘　　額

　　上面這二格式，都有現成印就的現金簿，以便商家立即購用。帳戶式是收方與付方分立。而餘額式的特點是隨時可以結出餘額。此二格式可以合併運用，例如餘額式可以改良為：

　1.仍分收入、支出及餘額欄，但各欄之下，可再分為現金與銀行存款二欄。

　2.分為現金及銀行存款二欄，但此二欄，可再各分為收入、支出及餘額三欄。

　　規模較大的機構，宜自行印製現金簿供用。下面為其一例：

機　關　名　稱

現　金　日　記　簿

中華民國　　　年度

收方　　　　　　　　　　　　　　　　　　　　　　　　　　　　　　　　　　付方

日期		傳票		會計科目	摘　要	總分類帳頁數	收入金額			日期		傳票		會計科目	摘　要	總分類帳頁數	支出金額		
年		種類	號數				庫存現金	銀行存款	合計	年		種類	號數				庫存現金	銀行存款	合計
月	日									月	日								
					本月合計										本月合計				
					上月結存										本月結存				
					合　　計										合　　計				

說　明

一、本簿根據每日已收款的收入傳票，已付款的支出傳票及現金轉帳傳票的收付款額，按日期順序，分別登入收方、付方各欄。

二、本簿每月結總一次，將收、付方的「庫存現金」與「銀行存款」的合計數，分別過入總分類帳的借方及貸方，並註記總分類帳頁數，以資查對。

三、每月各欄結總的數字，記入收付兩方各欄倒數第三行，並在摘要欄分別註明「本月合計」字樣，將各欄上月結存數記入收方倒數第二行各欄內，與「本月合計」數相加後，登入收方「合計」各欄內，將收方合計各欄數字，減付方「本月合計」各欄數字之差，登入付方「本月結存」各欄內，付方各欄的「本月合計」數加「本月結存」數，登入付方「合計」各欄，其數字應與收方「合計」各欄數字相等。

　　上面格式末的本月合計等欄，如果每日的收付頻繁，可每日結總，將本月合計改為本日合計。當然也可每週、每旬、每半月結總。倘使往來的銀行與存款戶別甚多時，可用下面的格式。「上月結存」與「本月結存」在實務上已習慣如此稱謂，按字義而論，應該為「上月終結存」與「本月終結存」。在與多個銀行往來開有多個存款戶時，可用下例：

×　×　航　空　公　司

現　金　日　記　簿

中華民國　　　年度

收方　　　　　　　　　　　　　　　　　　　　　　　　　　　　　　　　　　　　付方　第　　頁

日期		傳票		會計科目	摘　要	總分類帳頁數	銀行帳號	收入金額				日期		傳票		會計科目	摘　要	總分類帳頁數	銀行帳號	支出金額			
月	日	種類	號數					存款種類	庫存現金	銀行存款	合計	月	日	種類	號數					支票號數	庫存現金	銀行存款	合計
				本日合計											本日合計							
				上日結存											本日結存							
				合　　計											合　　計							

💿 第四節　　分設現金簿時的簿記系統圖

序時帳簿分為普通日記簿與現金日記簿時，其簿記組織系統圖，有如下圖：

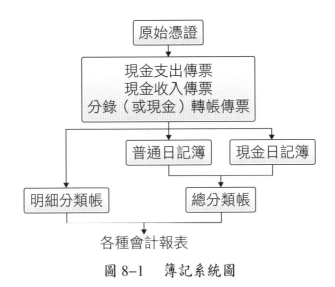

圖 8-1　　簿記系統圖

這時候的普通日記簿，習慣上稱之為分錄日記簿，亦有稱之為轉帳日記簿。下面為分錄日記簿格式的一例，在日期後的記帳憑證欄，等於標明限於記載轉帳傳票。

× × 航 空 公 司

分 錄 日 記 簿

中華民國　　年度　　　　　　　　　　　　　　頁

日期		轉帳傳票號數	科目及摘要	類頁	金　額	
月	日				借方	貸方

說　明

一、本簿專記與現金無關的轉帳事項，根據轉帳傳票按日順序登記之。

二、本簿上端的年度與頁數，應於開帳時填明。

三、本簿應每月結一總數，借貸兩方數字應相等。

四、本簿每日登記完畢，應將借貸方各科目，分別過入總分類帳各該科目的借方及貸方。

五、本簿一頁登畢尚須接續登記時，應每欄各結一總數，並寫明過次頁及承前頁，過入次頁。

🖊 第五節　按帳戶式記載實例

上一章光隆紙行 102 年 12 月份的會計事項，以現金收付為多。全月 38 張傳票之中，現金收支傳票占 26 張，可見現金簿實有分設的必要，以專行記載有關現金的分錄。茲將之改按分設現金簿與分錄日記簿的辦法登記，以資相互比較。本節所用的現金簿，是採用帳戶式的格式，以記載現金收支事項及轉帳傳票內有關現金的部份。分錄日記簿記載各轉帳傳票內的會計事項。

現金簿上，每一會計科目，須列一行，以便逐筆過入總分類帳。全部登載完畢的空白各行，應劃斜線表示業已記訖，且可防止事後補加記載。現金與銀

行存款月底結總的合計數，分別過入現金與銀行存款的總分類帳頁去，可以省卻逐筆過帳的麻煩。茲將現金簿以外的轉帳事項，記入分錄日記簿如下：

分 錄 日 記 簿

第 1 頁

102 年		憑證號數	科目及摘要	類頁	金　額	
月	日				借方	貸方
12	1	轉 1	現金	✓	$900,000 00	
			土地	21	100,000 00	
			房屋	22	200,000 00	
			資本主投資－王輝	51		$1,200,000 00
			資本主王輝獨資開設光隆紙行			
	6	轉 2	進貨	71	952,000 00	
			銀行存款	✓		200,000 00
			應付票據	43		400,000 00
			應付帳款－大中紙業公司	42		352,000 00
			向大中紙業公司購進各種紙張，計 50 磅印書紙 1,000 令 @$200 共計 $200,000， 60 磅模造紙 500 令 @$300共計 $150,000，210 磅雙面白板紙 300 令 @$1,000 共計 $300,000， 100 磅牛皮紙 500 令 @$604共計 $302,000。付第一銀行 #3 支票乙紙$200,000，五十天期票據乙紙$400,000，餘款暫欠			
	8	轉 3	銀行存款	✓	200,000 00	
			應收票據	8	300,000 00	
			應收帳款－西昌紙行	6	156,500 00	
			銷貨收入	61		656,500 00
			售西昌紙行各種紙張。收第一銀行 #101 戶支票乙紙 $200,000，四十五天期票據乙紙 $300,000，餘款暫欠			
			過　次　頁		$2,808,500 00	$2,808,500 00

102 年		憑證	科目及摘要	類	金 額			
月	日	號數		頁	借方		貸方	
			承　前　頁		$2,808,500	00	$2,808,500	00
12	10	轉 4	應付帳款—大中紙業公司	42	352,000	00		
			進貨折讓	79			2,000	00
			銀行存款	✓			350,000	00
			本月 6 日進貨，折讓 $2,000，餘付第一銀行 #4 支票					
	11	轉 5	預付貨款	12	50,000	00		
			進貨退出	78			50,000	00
			退還大中紙業公司白板紙 50 令，價款改作印書紙定金					
	14	轉 6	應收票據	8	50,000	00		
			應收帳款—南方紙行	6	28,000	00		
			銷貨收入	61			78,000	00
			收 12/16 華南銀行 #200 戶支票乙紙，餘暫欠					
	19	轉 7	進貨	71	701,000	00		
			預付貨款	12			5,000	00
			應付票據	43			465,000	00
			應付帳款—文華紙廠	42			230,000	00
			進貨折讓	79			1,000	00
			除折讓外，開予第一銀行 #7 支票 12/21 期及扣除定金，餘暫欠					
	21	轉 8	應收帳款—元昌紙行	6	38,000	00		
			預收貨款	44	100,000	00		
			應收票據	8	400,000	00		
			銷貨收入	61			538,000	00
			收華南銀行 #108 戶支票 $300,000 及三十天期票據乙紙 $100,000，並扣除前收定金，餘暫欠					
			過　次　頁		$4,527,500	00	$4,527,500	00

102 年 月	日	憑證 號數	科目及摘要	類 頁	金 額 借方		貸方	
			承　　前　　頁		$4,527,500	00	$4,527,500	00
12	23	轉 9	應收帳款－光元紙行	6	89,000	00		
			銷貨收入	61			89,000	00
			賒銷					
	24	轉 10	現金	✓	1,900	00		
			預付所得稅	15	100	00		
			租金收入	68			2,000	00
			收堅美紙器廠房租，扣租賃所得稅 $100，淨收 $1,900					
	30	轉 11	生財器具	24	1,800	00		
			應付帳款－華昇木器行	42			1,800	00
			賒購寫字檯二張及貨櫃二個					
	31	轉 12	薪資支出	101	17,000	00		
			代收款	47			180	00
			員工借支	17			2,000	00
			銀行存款	✓			14,820	00
			合　　　計		$4,637,300	00	$4,637,300	00

現　金　簿

第 1 頁

付方

102年 月 日	憑證號數	借方科目	摘要	類頁	現金	銀行存款
12 2	支 1	存出保證金	以現金存入大中紙業公司	✓	$ 50,000 00	
3	支 2	銀行存款	現金存入銀行開戶	✓	800,000 00	
3	支 3	存出保證金	付安裝電話一具保證金	31	1,000 00	
3	支 3	未攤提費用	付裝置費	29	15,000 00	
4	支 4	零用金	付事務員孫兌週轉用金	2	3,000 00	
5	支 5	運輸設備	機車三輛付第一銀行 #1 支票	23		$ 25,000 00
5	支 6	生財器具	營業用器具付第一銀行 #2 支票	24		12,000 00
6	轉 2	進貨	第一銀行 #3 支票付大中紙業公司	✓		200,000 00
7	支 7	代付款	代付同業聯興號貨款	19	10,000 00	
9	支 8	員工借支	現付暫借	17	2,000 00	
9	支 9	預付貨款	付文華紙廠進貨定金	12	5,000 00	

收方

102年 月 日	憑證號數	貸方科目	摘要	類頁	現金	銀行存款
12 1	轉 1	資本主投資—王輝	收資本主輝投資	✓	$ 900,000 00	
3	支 2	現金	存入第一銀行 #101 戶支票存入第一銀行	✓		$ 800,000 00
8	轉 3	銷貨	第一銀行支票存入第一銀行	✓		200,000 00
16	收 1	應收票據	華南銀行支票存入第一銀行	8		50,000 00
18	收 2	預付貨款	收元昌紙貨定金	44	100,000 00	
20	收 3	存入保證金	收出納員張謙保證金	46	10,000 00	
24	轉 10	租金收入	收堅美紙器廠本月租金	✓	1,900 00	
26	收 4	應收票據	華南銀行 #108 戶支票存入第一銀行	8		300,000 00

日	傳票	會計科目	摘要	過頁	金額①	金額②
10	轉 4	應付帳款	第一銀行 #4 支票付大中紙業公司	✓	350,000 00	
12	支 10	預付貨款	第一銀行支票 #5 付中國紙廠定金	12	100,000 00	
13	支 11	短期投資	購短期公債	5		9,000 00
16	支 12	長期投資	中華紙器公司股票付第一銀行 #6 支票	20	50,000 00	
17	支 13	存出保證金	付電表押金	31		1,000 00
20	支 14	租賃權益	頂入倉庫付第一銀行 #8 支票	28	10,000 00	
20	支 14	租金支出	付本月租金	120	667 00	
21	支 15	應付票據	付文華紙廠第一銀行 #7 支票	43	465,000 00	
21	支 16	交際費	郵匯結婚禮金	110		106 00
22	支 17	團體會費	付 12 月份同業公會會費	122		200 00
26	支 18	員工借支	付李奇借支	17		2,000 00
26	支 19	預付結匯款	付臺銀結匯香港貨款	11		71,665 50
26	支 19	短期投資	結匯附購政府公債	5		2,000 00
27	支 20	水電費	付水費 $300, 電費 $1,000	105		1,300 00
27	支 20	文具用品費	本月閒支	106		2,000 00

月 日	傳票	科目	帳號	摘要	金額	金額
27	支 20	印刷費	107	本月開支	1,500 00	
27	支 20	郵電費	108	電話費	600 00	
27	支 20	旅費	109	本月開支	3,000 00	
27	支 20	交際費	110	本月開支	1,500 00	
27	支 20	廣告費	112	本月廣告	2,000 00	
27	支 20	運費	113	本月開支	3,300 00	
28	支 21	自由捐贈	121	付券單捐款第一銀行 #9 支票		1,000 00
31	轉 12	薪資支出	101	付第一銀行 #10 支票		14,820 00
31	支 22	稅捐	119	透支契約印花連同雜支開第一銀行 #11 支票		100 00
31	支 22	雜費	128			900 00
12 31	13			本月合計	$ 987,171 50	$1,229,487 00
				本月結存	24,728 50	120,513 00
				合　計	$1,011,900 00	$1,350,000 00

					金額	金額
					$1,350,000 00	$1,350,000 00
					$1,011,900 00	$1,011,900 00
	13			本月合計		
				合　計		
12 31						

第六節　現金轉帳交易的記載

在上面將現金分開記載以後，有關現金轉帳的事項，及現金與銀行存款二者相互之間進出的帳項，須特別注意，以免在簿記上發生錯誤。

現金轉帳事項，在分立現金簿時，實務上有多種記載的辦法：

★ 一、全部在分錄日記簿內記載，同時將現金的部份，記入現金簿

這是最常用的方法，也是本章上一節實例中所用的方法。這辦法使得現金的收付事項，能夠完全在現金簿上載明，便於現金的管理與查閱。

可是用這一方法的時候，簿記上須特別注意。這筆現金轉帳分錄中的現金（或銀行存款），在二本序時帳簿上同時出現。分錄日記簿記載整個轉帳分錄，當然有這筆現金的記載；另一方面，這筆現金又記入了現金簿。所以此時須留意在過入總分類帳時，不要發生重複，以免記帳錯誤，影響總分類帳上現金與銀行存款的結存，致與實際不符。

為了避免這類錯誤，在分錄日記簿上，對於現金與銀行存款，都須在類頁欄打上「✓」符號，表示這一筆金額，已另行過入總分類帳，不需再照分錄日記簿的過帳辦法予以過帳。同時，在現金簿上，對於依據轉帳傳票而登載的現金收支，也在類頁欄打上「✓」符號，表示這筆現金收支的對方會計科目，業已另行過入總分類帳，不需照現金簿一般收支帳項的過帳辦法辦理。至於現金與銀行存款的本身，係在現金簿月底結總的時候，一次彙總，分別過入總分類帳的現金與銀行存款帳戶之內。

★ 二、全部在分錄日記簿內記載，而不再載入現金簿

其優點是在省便之外，還可以避免上述記帳的錯誤。但是同時，現金簿的記載便不完整。大規模的企業，分設多本帳簿，此時現金事項並不全部在

現金簿內，或者每日或每週另行編製現金收支報告，以表明當日或一週現金收支及結存的情況，因而現金簿的記載是否完整，無關重要，在以上二種情形之下，都可以用第二種辦法以資省便。

★ 三、將現金轉帳傳票分割為二張傳票，利用「臨時存欠」科目，使一張傳票完全為轉帳傳票，記入分錄日記簿；另一張則變為現金收入傳票或現金支出傳票，記入現金簿

例如光隆紙行的第一筆帳，用此法時需要先編轉字第 1 號傳票：

借：　臨時存欠　　　　　　　　900,000
　　　土地　　　　　　　　　　100,000
　　　房屋　　　　　　　　　　200,000
　　貸：　　資本主投資－王輝　　　　　　　　1,200,000

將上述分錄登入分錄日記簿，另編收字第 1 號傳票記入現金簿，即成為如下的分錄：

借：　現金　　　　　　　　　　900,000
　　貸：　　臨時存欠　　　　　　　　　　　900,000

金融業常用這種方法。此時出納只辦現金收支，不問收支的對方科目與內容。這方法要專為記帳的緣故而添立臨時存欠之類的過渡科目。

★ 四、將現金轉帳分錄視為全係現金分錄，全部載入現金簿，而不載入分錄日記簿

光隆紙行的第一筆帳，此時將變為先編收字第 1 號傳票記入現金簿，即：

借：　現金　　　　　　　　　　1,200,000
　　貸：　　資本主投資－王輝　　　　　　　　1,200,000

另再加編支字第 1 號傳票，亦記入現金簿，其借貸分錄為：

借：	土地	100,000	
	房屋	200,000	
貸：	現金		300,000

這樣登載的結果，將來過入總分類帳之後的各帳戶餘額，自然與以上三種方法相同。可是會計是表示商業活動事實的語言，這樣的方法，不但與事實不符，而且虛增了現金收付的金額，故在會計上，一般將此法稱之為「虛收虛付法」。其作用只在使這一筆帳能全部由現金簿載入，為了這一作用而改變交易的事實，就學理而論，殊不足取，不宜效法。

現金與銀行存款的全部收支都在現金簿上時，期末由結總而得出的結存，方有意義。否則僅需結總，得出合計之數，以便過入總分類帳，應將期末結存這一行取消。

🖋 第七節　現金與銀行存款間的交易

現金與銀行存款，都是會計科目。有時視銀行存款為現金的一部份，不分設會計科目，也有一些企業的現金全存在銀行，使收支完全透過銀行往來。但在我國實務上，則以分設會計科目為最普遍。在分別設為會計科目之後，以現金存入銀行及由銀行取回現金自用，這二者間的交易，記載時也有多種辦法。

⭐ 一、以現金為主體，存入銀行時用支出傳票，由銀行取回現金時用收入傳票，記現金簿與過總分類帳，和一般的收支傳票完全一樣

這一種辦法，記帳上不會發生錯誤，但當月現金與銀行存款的合計數便不會完整。

二、和第一種一樣用收支傳票，可是在記現金簿與過帳時，和一般的收支傳票不一樣

本章第五節記載的實例，便是用這一種方法。該節現金簿記載光隆紙行12/3以支字第 2 號傳票，向第一銀行開戶存入 $800,000，一方面在付方記載現金的支出而減少，另一方面又在收方記載銀行存款，由存入而增加。其優點為使當月現金與銀行存款的收支情形，全部顯示於現金簿上。如果現金與銀行存款的交易並非全記在現金簿上，則用此方法便缺乏意義了。

用這一種方法時，由於同一筆分錄在現金簿的收方與付方同時記載，所以在類頁欄便需打上「✓」符號，以免重複過入總分類帳。此時倘不小心，記帳上常易發生錯誤，這是此一種方法的缺點。

三、和第一種一樣用收支傳票，但在一方對現金與銀行存款二欄同時作記載

舉例如下：

付方　　　　　　　　　　　　　　　　　　　　　　　　　　　　　第　　頁

月	日	憑證號數	借方科目	摘　　要	類頁	現　　金	銀行存款
12	3	支 2	銀行存款	存入銀行	✓	800,000.00	(800,000.00)

這時也需在類頁欄打上「✓」符號，使這一筆帳的借方科目，現在不必過入總分類帳。同時對於銀行存款欄，在期末結計總數的時候，對列在括弧內的數字，作為是抵減的金額。這一方法雖較第二種方法簡便，但記帳及結總上都容易發生錯誤。

四、用轉帳傳票，記入分錄日記簿，而不列入現金簿

此法可以免除記帳上的錯誤，但在現金簿上便不能顯出現金與銀行存款

收付的全貌。倘使帳務上並不需現金簿顯示現金與銀行存款收付的全貌時，則此法最為簡便。

⭐ 五、專設存撥轉帳傳票 (Funds Transference Voucher)，記入分錄日記簿內，專門表示現金與銀行存款，以及多個銀行存款戶內的轉撥

為四、的變形。在機構龐大，存款於多個銀行開立多個帳戶時，宜用這一種辦法。

由上可見，每一種帳務處理的辦法，都有它的目的與作用，實務上須按照所欲達成的目的和所欲發生的作用，選取較為妥適的方法，不可囫圇吞棗，依樣畫葫蘆。

🖊 第八節　按餘額式記載

茲將光隆紙行的實例，改按餘額式之現金簿格式，記載於下。其特點是隨時有現金的餘額以供查閱，便於財務上的調度。

餘額欄可以逐筆結計餘額，也可以每日結計餘額，上例係每日結計餘額，在餘額欄上加註 * 號代表紅字，顯示按照帳上的餘額，業已向銀行動用透支了。

下面所列之格式原是為小工商業者設計，所以現金與銀行存款沒有分開。但在與銀行有存款的往來時，這一格式便需加以改良，方可適用。

第一種辦法，將銀行存款包括在現金之內，不設「銀行存款」科目，此時以現金存往銀行或由銀行提取現金，仍開現金收支傳票，使內部牽制上的手續得以完備，但在記入現金簿時，便等於是備查性質，在收付二欄俱列數字，卻加以括弧，在結總的時候對此數額便除開不計。當然在類頁欄需打上「✓」符號，因為根本無總分類帳頁需予過入了。

現 金 簿

102年 月	日	憑證號數	會計科目	摘　要	類頁	收　入	支　出	餘　額
12	1	轉1	資本主投資—王輝	收資本主王輝投資	✓	$ 900,000 00		$900,000 00
	2	支1	存出保證金	交存大中紙業公司	31		$ 50,000 00	850,000 00
	3	支2	銀行存款	現金存入第一銀行開戶	✓	(800,000 00)	(800,000 00)	
	3	支3	存出保證金	付安裝電話 #77430 一具並付保證金	31		1,000 00	
		支3	未攤提費用		29		15,000 00	834,000 00
	4	支4	零用金	付事務員週轉金	2		3,000 00	831,000 00
	5	支5	運輸設備	購機車三輛付第一銀行 #1 支票	23		25,000 00	
	5	支6	生財器具	購營業用器具付第一銀行 #2 支票	24		12,000 00	794,000 00
	6	轉2	進貨	付大中紙業公司第一銀行 #3 支票	✓		200,000 00	594,000 00
	7	支7	代付款	代同業聯興號付貨款	19		10,000 00	584,000 00
	8	轉3	銷貨	收西昌紙行第一銀行 #101 戶支票	✓	200,000 00		784,000 00
	9	支8	員工借支	付現金暫借	17		2,000 00	
	9	支9	預付貨款	付文華紙廠進貨定金	12		5,000 00	777,000 00
	10	轉4	應付帳款	付大中紙業公司第一銀行 #4 支票	✓		350,000 00	427,000 00
	12	支10	預付貨款	付中國紙廠定金第一銀行 #5 支票	12		100,000 00	327,000 00
	13	支11	短期投資	購入短期公債	5		9,000 00	318,000 00
	16	支12	長期投資	購中華紙器公司股票付第一銀行 #6 支票	20		50,000 00	
	16	收1	應收票據	收南方紙行華銀 #200 戶支票交存第一銀行	8	50,000 00		318,000 00
	17	支13	存出保證金	付電表押金	31		1,000 00	317,000 00
	18	收2	預收貨款	收元昌紙行定金	44	100,000 00		417,000 00
	20	支14	租賃權益	付第一銀行 #8 支票頂入倉庫	28		10,000 00	
	20	支14	租金支出	付第一銀行 #8 支票付租金	120		667 00	
	20	收3	存入保證金	收出納員張謙保證金	46	10,000 00		416,333 00

21	支 15	應付票據	付文華第一銀行 #7 支票到期	43			465,000	00		
21	支 16	交際費	郵匯禮金 $100	110			106	00	* 48,773	00
22	支 17	團體會費	付 12 月份同業公會會費	122			200	00		
22	支 18	員工借支	付李奇借支	17			2,000	00	* 50,973	00
24	轉 10	租金收入	收堅美紙器廠租金	✓	1,900	00			* 49,073	00
26	支 19	預付結匯款	付臺銀香港貨款結匯	11			71,665	50		
26	支 19	短期投資	付結匯附購政府公債	5			2,000	00		
26	收 4	應收票據	收華銀 #108 戶支票元昌紙行到期	8	300,000	00			177,261	50
27	支 20	水電費	水費 $300,電費 $1,000	105			1,300	00		
27	支 20	文具用品費	本月開支	106			2,000	00		
27	支 20	印刷費	本月開支	107			1,500	00		
27	支 20	郵電費	電話費	108			600	00		
27	支 20	旅費	本月旅費	109			3,000	00		
27	支 20	交際費	本月開支	110			1,500	00		
27	支 20	廣告費	本月開支	112			2,000	00		
27	支 20	運費	本月開支	113			3,300	00	162,061	50
28	支 21	自由捐贈	付勞軍捐款第一銀行 #9 支票	121			1,000	00	161,061	50
31	轉 12	薪資支出	付 12 月份薪工淨額第一銀行 #10 支票	✓			14,820	00		
31	支 22	稅捐	透支印花	119			100	00		
31	支 22	雜費	本月雜支第一銀行 #11 支票	128			900	00	145,241	50
			本月合計		$1,561,900	00	$1,416,658	50	$145,241	50
			結存:現金						$ 24,728	50
			結存:銀行存款						120,513	00

註:表格中之括弧內金額在收支合計時,俱予不計。

　　第二種辦法,將收入支出與餘額欄俱再分為現金、銀行存款及合計欄。合計欄有時可以省卻,或者僅在餘額欄之下,設有合計欄。

　　茲再按第二種改良的辦法,記載現金簿於下:

現　金　簿

102年		憑證號數	會計科目	摘要	類頁	收入		支出		結存		合計
月	日					現金	銀行存款	現金	銀行存款	現金	銀行存款	合計
12	1	轉1	資本主投資—王耀	投資	✓	$900,000 00						$900,000 00
	2	支1	存出保證金	付予大中紙業公司，並取得經銷權	31			$50,000 00		850,000 00		850,000 00
	3	支2	銀行存款	向第一銀行開甲種活存戶	✓		$800,000 00	800,000 00		50,000 00	$800,000 00	850,000 00
	3	支3	存出保證金	裝電話 #7430 一具	31			1,000 00				
	4	支4	未攤提費用	付事務員週轉金	29			15,000 00		34,000 00		834,000 00
			零用金		2			3,000 00		31,000 00		831,000 00
	5	支5	運輸設備	機車三輛付第一銀行 #1 支票	23				$ 25,000 00		775,000 00	806,000 00
	6	支6	生財器具	營業用器具付第一銀行 #2 支票	24				12,000 00		763,000 00	794,000 00
		轉2	進貨	付大中紙業公司第一銀行 #3 支票	✓				200,000 00		563,000 00	594,000 00
	7	支7	代付款	代聯興號墊付	19			10,000 00		21,000 00		584,000 00
	8	轉3	銷貨	收西昌紙付第一銀行 #101 戶支票	✓		200,000 00				763,000 00	784,000 00
	9	支8	員工借支	暫借	17			2,000 00		19,000 00		782,000 00
	9	支9	預付貨款	付文華紙廠	12			5,000 00		14,000 00		777,000 00
	10	轉4	應付帳款	付大中紙業公司第一銀行 #4 支票	✓				350,000 00		413,000 00	427,000 00

月	日	傳票	科目	摘要	頁	金額①	金額②	金額③	金額④	金額⑤	金額⑥	餘額
12	12	支10	預付貨款	預付中國紙廠定金，開第一銀行 #5 支票	12				100,000.00		313,000.00	327,000.00
	13	支11	短期投資	購入短期公債	5					5,000.00		318,000.00
	16	收1	應收票據	收南方紙行華南銀行 #200 戶支票	8		50,000.00	9,000.00			363,000.00	368,000.00
	16	支12	長期投資	中華紙器公司股票 1 萬股面值 $5。付第一銀行 #6 支票	20				50,000.00		313,000.00	318,000.00
	17	支13	存出保證金	電表押金	31			1,000.00		4,000.00		317,000.00
	18	收2	預收貨款	元昌紙行定金	44					104,000.00		417,000.00
	20	支14	租賃權益	頂入倉庫及 12 月份止租金，付第一銀行 #7 支票	28	100,000.00						
			租金支出		120				667.00		302,333.00	406,333.00
	20	收3	存入保證金	出納張謀保證金	46	10,000.00				114,000.00		416,333.00
	21	支15	應付票據	付文華第一銀行 #7 到期支票	43				465,000.00		*162,667.00	*48,667.00
	21	支16	交際費	郵匯禮金 $100	110				106.00	113,894.00		*48,773.00
	22	支17	團體會費	付本月份公會費	122				200.00	113,694.00		*48,973.00
	22	支18	員工借支	李奇妻生產	17			2,000.00		111,694.00		*50,973.00
	24	轉10	租金收入	收堅美紙器廠本月份房租	✓	1,900.00				113,594.00		*49,073.00
	26	支19	預付結匯款	向香港建貨結匯	11			71,665.50		39,928.50		*122,738.50
			短期投資	附購政府公債	5			2,000.00	2,000.00			

月日		科目	說明	類頁							
26	收4	應收票據	元昌紙行華銀#108戶支票到期	8					300,000 00	137,333 00	177,261 50
27	支20	水電費	水費 $300，電費 $1,000	105		1,300 00					
		文具用品費	本月開支	106		2,000 00					
		印刷費	本月開支	107		1,500 00					
		郵電費	電話費	108		600 00					
		旅費	本月開支	109		3,000 00					
		交際費	本月開支	110		1,500 00					
		廣告費	本月開支	112		2,000 00					
		運費	本月開支	113		3,300 00		24,728 50			162,061 50
28	支21	自由捐贈	勞軍捐款開第一銀行 #9 支票	121			1,000 00			136,333 00	161,061 50
31	轉12	薪資支出	本月薪工淨付，開第一銀行 #10 支票	101			14,820 00			121,513 00	146,241 50
31	支22	稅捐	總務科報零星開支包括銀行透支 $100 契約印花 $100	119			100 00				
		雜費	付第一銀行 #11 支票	128			900 00			120,513 00	145,241 50
		合　計		(1),(3)	$1,011,900 00	$1,350,000 00	$987,171 50	$1,229,487 00	$24,728 50	$120,513 00	$145,241 50

　　本例逐筆結計現金與銀行存款的餘額，但在餘額沒有變動時，不必一行一行照抄，這樣不但省便，而且餘額變動的情形，可更顯明。12/3 的支字第 3 號傳票，一張傳票雖有二筆支出，支付的對象同是電信局，12/20 的支字第 14 號傳票，是二筆支出而開同一張支票支付，12/26 的支字第 19 號傳票，二筆支出同為向臺灣銀行繳付，12/27 是將當月各項支出集中在該日一併清付，因而都不必逐筆結計了。

　　現金與銀行存款分開之後，個別餘額的情況，得以顯示，尤其在 12/21 以後顯明現金方面尚有結存，而銀行存款方面則已透支甚多。我國商場每有需用現金之處，所以一面存有現金一面在銀行透支的情形，為實務上所常見。

　　此時以現金存往銀行，或由銀行提用現金，宜如本例 12/3 支字第 2 號傳票的記載，在收支雙方都作記錄，以使結存得以正確。但在類頁欄須打上「✓」符號，不予過帳，以免在總分類帳上發生錯誤。

一、問答題

1. 序時帳簿方面，何以常有分設現金日記簿的必要？

2. 現金日記簿在單式簿記時，與在雙式簿記時，有何不同？

3. 分設現金日記簿，有什麼作用？

4. 現金日記簿主要可以分為那一些格式？

5. 試繪分設現金簿時的簿記組織系統圖。

6. 設現金簿後的分錄日記簿，記載那些帳項？

7. 現金轉帳交易，在分設現金簿後，有那幾種記載的方法？

8. 現金與銀行存款分別立為會計科目之後，二者之間的交易，在記帳上有那幾種處理方法？

二、選擇題

（　）1. 下列何者錯誤？

　　(A)日記簿中金額欄是左借右貸　(B)分錄所用之科目，必須與分類帳戶名稱完全一致　(C)將商品退回賣主時，應貸記銷貨退回　(D)日記簿中各科目之金額須與其有關科目同列一行　　　　　　　　　　　　　【丙級技術士檢定】

( )　2.餘額式現金帳戶昨日餘額 $10,000，本日付現 $1,000，過帳後餘額欄金額為：

　　(A) $1,000　(B) $11,000　(C) $9,000　(D) $0　　　　　【丙級技術士檢定】

( )　3.下列何項為錯誤？

　　(A)所有分錄均應記入日記簿內　(B)日記簿之類頁欄是記載日記簿之頁數　(C)賒購商品一批之交易，應為轉帳分錄　(D)每一分錄借貸雙方金額必定相等

　　　　　　　　　　　　　　　　　　　　　　　　　　　【丙級技術士檢定】

( )　4.無論是現金日記簿還是普通日記簿，每頁的借方合計數與貸方合計數：

　　(A)完全一致　(B)不完全一致　(C)完全不一致　(D)記帳人員可自行決定

( )　5.日記簿之類頁欄，其功能為：

　　(A)可以清楚每天發生的所有交易　(B)可以明瞭每一筆交易的內容　(C)可以避免重複過帳或遺漏過帳的情形　(D)作為日記簿與分類帳之對照

( )　6.將分錄記入日記簿時，下列那一個欄位要等過帳時才填寫？

　　(A)摘要欄　(B)會計科目欄　(C)類頁欄　(D)日期欄

( )　7.關於設立現金日記簿的主要作用，下列敘述何者不正確？

　　(A)為方便現金的調度與管理　(B)使帳務分工，增加帳務處理的效率　(C)使帳務的記載較簡化　(D)提供供應商基本資料

( )　8.下述那一筆分錄應該寫入分錄日記簿？

　　(A)借：水電費 $100，貸：現金 $100　(B)借：現金 $1,000，貸：銷貨收入 $1,000
　　(C)借：預付費用 $250，貸：現金 $250　(D)借：土地 $20,000，貸：資本主 $20,000

( )　9.金融業將現金轉帳傳票分割為二張傳票，一張傳票完全為轉帳傳票，記入日記簿；另一張傳票則為現金收入傳票或現金支出傳票，記入現金簿，此方法須運用那一個會計科目？

　　(A)臨時存欠　(B)存出保證金或存入保證金　(C)應收帳款或應付帳款　(D)資本

（　）10.下列那一種帳簿是以普通日記簿及現金日記簿作為編製的依據？

　　　　(A)進貨簿　(B)總分類帳　(C)銷貨簿　(D)應收客帳

三、練習題

1. 將第七章練習題 3 榮泰商行的帳，改按分設現金簿而記載之。

2. 將第七章練習題 4 大光商行的帳，改按分設現金簿而記載之。其現金簿須分按格式㈠

　帳戶式及格式㈡餘額式記錄之。

3. 張成祥獨資開設成祥行，專營成套沙發及三用沙發床，開設之初，便向華南銀行開戶，

　僅留少數現金，一般支出以用支票為原則，零星支出由現金開支。張君並設置會計科

　目如下：

帳號	資產科目	帳號	負債及權益科目	帳號	損益科目
	流動資產		流動負債		收益
1	現金	31	銀行透支	51	銷貨收入－沙發
2	零用金	32	應付帳款	52	銷貨收入－三用沙發床
3	銀行存款	33	應付票據	55	銷貨退回
4	應收帳款	34	短期借款	56	銷貨折讓
5	應收票據	35	應付利息	58	利息收入
9	備抵呆帳	36	應付薪金	59	其他收益
10	應收利息	37	應付稅捐		成本及費損
11	存貨	38	預收貨款	61	進貨－沙發
15	預付貨款	39	代收款	62	進貨－三用沙發床
16	預付保險費		權益	65	進貨退出
17	預付房租	41	資本主投資－張成祥	66	進貨折讓
18	預付利息	43	資本主提用	67	進貨運費
19	用品盤存	45	累積盈虧	71	薪資支出
	固定資產			72	佣金支出
24	生財器具			73	運送費用
26	運輸設備			74	廣告費
29	累計折舊			75	交際費
				76	文具用品費
				77	水電費

78	保險費
79	稅捐
80	修繕費
82	團體會費
83	自由捐贈
84	書報雜誌
89	雜費
91	折舊
92	呆帳
95	利息費用

以下為成祥行開業後第一個月的會計事項：

民國 102 年 10 月 1 日

(1)張成祥獨資以現金 $100,000 作為資本，開設成祥行，專營成套沙發及三用沙發床買賣，當即以 $95,000 存入華南銀行開立甲活存成祥行戶，除零星支用外，店內支出以開支票為原則，各項收入亦將以存入銀行為原則。

(2)購生財器具 $5,460，開出 #1 支票。

10 月 2 日

(3)付 10 至 12 月份房租，每月 $1,500，除扣租賃所得稅 5% 外，開出 #2 支票，計$4,225。

(4)購文具 $230，開出 #3 支票。

(5)向金剛公司賒進沙發十套，每套 $1,240，三用沙發床十張，每張 $920。

10 月 3 日

(6)付店面修整費 $600，出修繕費帳，開出 #4 支票。

(7)購舊三輪腳踏運貨車乙輛，價 $1,000，有關使用稅捐已由出讓人繳至本年年底止，開出 #5 支票。

10 月 4 日

(8)賒售予摩登行沙發五套，每套 $1,450，三用沙發床二張，每張 $1,080。

10 月 5 日

(9)門市現銷沙發一套，價款 $1,700 存入銀行。

(10)向及時行賒進沙發十套，每套 $1,200，給予 #6 支票 $2,000，餘暫欠。

10 月 6 日

(11)佳安行前來賒購沙發三套，每套 $1,450，三用沙發床二張，每張 $1,080。

(12)上項交易，係摩登行介紹，給予佣金 3%，開予 #7 支票 $195，尾數不計（摩登行本身為營利交易，其介紹所得的佣金，不需扣繳所得稅）。

10 月 7 日

(13)購小保險箱一只，價款 $1,200，開予 #8 支票。

10 月 8 日

(14)向金剛公司按原價再進沙發二十套，三用沙發床十張。10 月 2 日所賒的價款，承該公司折讓 $200，本日開予 #9 支票，全數付清。

10 月 9 日

(15)將前扣收的租賃所得稅 $225，以現金向公庫繳納。

(16)賒售予興業木器行沙發四套，每套 $1,460。

(17)向及時行訂購高級沙發二套，每套 $2,500，開 #10 支票 $2,000，作為預付定金。

10 月 10 日（國慶休假）

10 月 11 日

(18)現銷沙發一套，價款 $1,720，三用沙發床二張，每張 $1,200，全部存入銀行。

(19)付新中廣告公司廣告費 $200，開予 #11 支票。

10 月 12 日

(20)門市現銷沙發二套，每套 $1,700，三用沙發床一張 $1,200，全部存入銀行。

(21)摩登行交來貨款 $5,000 即期支票乙紙，存入銀行。該行本日照前價賒去沙發三套，三用沙發床一張。

10 月 13 日

(22)佳安行賒購沙發五套，每套 $1,440，三用沙發床二張，每張 $1,070，並交來 10 月 6 日所賒全部價款，存入銀行。

10 月 14 日

⒇現銷沙發一套，$1,700，三用沙發床一張，$1,200，全部存入銀行。

⒇安樂行前來賒購沙發五套，每套 $1,450，三用沙發床三張，每張 $1,080。此筆交易亦係摩登行介紹，給予佣金 3%，開予 #12 支票，計 $315。

10 月 15 日

⒇向華南銀行訂立透支契約 $100,000，應貼印花 $20，以現金購貼，入稅捐帳。

⒇向金剛公司按原價進沙發二十套，三用沙發床十張，並結付 10 月 8 日進貨價款，承折讓 $300，開予 #13 支票。

10 月 16 日

⒇付員工 10 月上半月薪工共計 $4,000，開張之初，各員工待遇較低，俱未達扣繳薪資所得稅的起扣額標準。故全數發予，不扣所得稅，開出 #14 支票。

10 月 17 日

⒇營業員李天生洽得中央大旅社購沙發四十套，每套特價 $1,600，經與金剛公司商洽，該公司允在存貨內立即撥供四十套，並由該公司代為雇車送往。經付營業員李天生佣金 3%，開予 #15 支票，並以現金付本批沙發四十套運至中央大旅社交貨的運送費共計 $800。

金剛公司對此批四十套沙發，允照每套 $1,200 計價，但要求即付 $20,000，經如數開予 #16 支票。

中央大旅社如數開來彰化銀行 #301 戶 10 月 26 日期支票乙紙，入應收票據帳。

10 月 18 日

⒇及時行送來所定高級沙發二套，與該行結清 10 月 5 日進貨餘欠及此批定貨價款，開予 #17 支票。

10 月 19 日

⒇及時行送來沙發五套，每套 $1,200，貨款暫欠。

⒇興業木器行送來 10 月 9 日賒欠貨款，存入銀行，並取去高級沙發一套，作價 $3,000，沙發三套，每套 $1,400。

10 月 20 日

⑶向及時行再行訂購高級沙發十套，每套 $2,480。

⑶金剛公司送來沙發十套，每套 $1,240，三用沙發床五張，每張 $910。

10 月 21 日

⑶現銷高級沙發一套 $3,400，沙發二套，每套 $1,700，款存銀行。

⑶付同業公會會費 $200，開予 #18 支票。

10 月 22 日

⑶摩登行交來 10 月 4 日餘欠及 10 月 12 日貨款共 $9,840 存入銀行，另賒去沙發五套、三用沙發床三張，仍照原價。

10 月 23 日

⑶營業員李天生洽得東華大飯店購高級沙發五套，每套 $3,100，沙發二十套，每套 $1,640，經洽請金剛公司與及時行，分別代為送達。東華大飯店付 10 月 30 日期華僑銀行 #101 戶支票 $48,000，餘 $300 作為折讓。

付予李天生佣金 3%，開 #19 支票 $1,440，以現金付本批運送費 $600。

10 月 24 日

⑶現金付本月零星開支，計：

①房東攤付水電費 $400

②書報雜誌 $100

③自由捐贈 $100

④雜費 $100

10 月 25 日（光復節放假）

10 月 26 日

⑶現銷沙發二套，每套 $1,700，三用沙發床一張，$1,150，款存銀行。

⑷付保險費一年自 10 月份起至明年 9 月底止，計 $360，開 #20 支票。

⑷將中央大旅社所開予的支票，存入銀行。

10 月 27 日

⑷安樂行交來 10 月 14 日貨款存入銀行。另取去沙發五套，三用沙發床二張，照上次
　價。

⑷金剛公司送來沙發十套，三用沙發床五張，價照舊，開予 #21 支票計 $50,000，歸
　還以往所欠。

10 月 28 日

⑷及時行送來所訂五套高級沙發，連前代送東華大飯店者，共計十套，每套 $2,480，
　如數開予 10 月 31 日期 #22 支票，結清此批十套價款。

⑷興業木器行退回沙發一套，經查係向金剛公司所進之貨，餘欠結清。另取去高級沙
　發二套。

10 月 29 日

⑷摩登行來取去高級沙發一套，沙發二套，三用沙發床二張，付來貨款 10 月 31 日期
　上海銀行 #1065 戶支票 $5,000。

10 月 30 日

⑷將東華大飯店開來支票存入銀行。

⑷現銷沙發二套，每套 $1,700，三用沙發床一張 $1,200，存入銀行。

⑷向及時行再訂購高級沙發十套。付該行前欠 10 月 19 日沙發貨款 $6,000，開 #23 支票。

10 月 31 日

⑸將摩登行 10 月 31 日期支票存入銀行。

⑸付下半月薪工 $4,500，須依全月合計給付額，包括營業員李天生所領佣金，扣繳薪
　資所得稅，計共扣除 $120，餘數開 #24 支票。所扣繳的所得稅，將於下月 10 日前
　解繳。

⑸付及時行支票本日到期。

⑸向金剛公司退回沙發一套。

將上述資料，登入序時帳簿，成祥行設有分錄日記簿及現金日記簿（採取餘額式），
其現金簿記載收入與支出金額的部份，分現金及銀行存款兩欄，結存欄分現金、銀行
存款及合計三欄。

4.就上題資料，彙集其損益科目，估算成祥行 10 月份的損益情形。估算時：

　⑴保險費不必計及。

　⑵每批銷貨的銷貨成本，除能明確認定者外，可假定按後進的貨先行售出為原則（稱為後進先出法）而計算的。

　⑶按銷貨收入總額，須另計營業稅及印花稅共 1%。

5.將第 3 題的資料，全部編成傳票，仍以四人為一組，輪流擔任經理，會計，出納，製票，分別在傳票上簽章。

6.將第 3 題資料有關現金部份，改按帳戶式的現金簿記載之。

7.列出第 3 題成祥行在 10 月底的人欠與欠人各戶數額，與各種存貨的數量。

8.照本章光隆紙行實例記載類頁欄所列的科目編號，編列光隆紙行的會計科目表。

第 九 章

總分類帳

第一節 分類帳的作用

簿記是將會計事項，按照規定的記載方法，記入序時帳簿，以保存原始記錄，然後過入分類帳 (Ledger)，以便分類歸集。進一步將分類帳所歸集的會計事項，予以整理，便可編製各種會計報表。

報表依據帳簿的記錄而產生。會計事項的記錄，先載入序時帳簿，所以會計上對於序時簿，又稱之為原始記錄簿 (Book of Orginal Entries)，由序時簿而過入總分類帳，因而總分類帳又稱為終結記錄簿 (Book of Final Entries)。

分類帳的基本作用，便是分類歸集，將同類的會計事項，歸集在一起，以便整理分析與結計餘額。會計事項的分類歸集，可以用好多種的方法，實務上最普通的，便是設立分類帳。將記入序時帳簿的會計事項，全部予以分類歸集的，便是總分類帳（General Ledger，簡寫為 GL），簡稱總帳。

單式簿記，沒有將全部會計事項都記入序時帳簿，因而不能產生完整的總分類帳，所以可以不設置總分類帳。實務上，在用單式簿記時，也常設立總分類帳，以便分類歸集。

第二節 終結記錄簿

總帳是終結記錄簿，因為正式的會計報表，須依據總帳而產生。所以，總帳一方面是終結的記錄，另一方面是會計報表資料的來源所在。

記錄既然是至總帳方告終結，所以在會計事項成為借貸分錄的時候，便需顧到總帳上的分類，以便利同類事項的歸集。借貸分錄所用的會計科目，便是個別的分類，使各會計事項，得以按照科目而歸集起來。

總帳是個別的分類帳彙集而成的簿籍，主要有三種形式，分別是訂本式、活頁式及卡片式。在使用上，以活頁式或卡片式較為方便。訂本式的優點，

則為易於防止竄改與抽換帳頁。訂本式及活頁式，均有現成印就者，可以立即購用。卡片式則需自行印製。

 第三節　總分類帳格式

總分類帳的格式，主要有兩種：

⭐ 一、帳戶式

現　金

帳號：1

102 年		摘　要	日頁	金　額	102 年		摘　要	日頁	金　額
月	日				月	日			
12	1	資本主投資	1	$900,000 00	12	2	存出保證金	1	$50,000 00

即借方與貸方分踞一邊，日頁是指日記簿的頁次，表明這筆帳是由日記簿的第 1 頁過入的。帳頁的左面是借方，右面是貸方，所以在帳頁上，已不必註明借方和貸方。分類帳上凡是借方的數額超過貸方的數稱為借差或借餘 (Debit Balance)，貸方的數額大於借方的數稱為貸差或貸餘 (Credit Balance)，上例借方超過貸方$850,000，便是現金記載至該時止的借差，就字義而言，以稱借餘為宜。

帳戶式的簡便格式，稱為 T 字式，又稱 T 字帳，為會計討論上或作習題解答上所常用。習慣上常為下列二種方式：一種為省卻各欄標題，上例因而可簡化為：

現　金

1

102 年			102 年		
12/1	資本主投資　1	$900,000.00	12/2	存出保證金　1	$50,000.00

另一種最為簡單，例如：

現　金

12/1	900,000.00	12/2	50,000.00

⭐ 二、餘額式

（科目名稱）

第　　頁

年		摘　　要	日頁	借方金額	貸方金額	借或貸	餘　　額
月	日						

　　這一格式的優點，是隨時有餘額可查，不像帳戶式，平時沒有餘額的記載，需將借方與貸方結計之後，方能得出餘額。有時實務上，由於並無隨時結出餘額的需要，雖然用餘額式帳頁，卻並不結計餘額。我國實務上，以用餘額式者為多。分類帳頁可購現成印就者使用，但規模較大的機構，耗用分類帳頁較多，宜自行印製。下例為各機構常印用的格式及說明。

機　關　名　稱
總　分　類　帳
中華民國　　年度

第　　頁

編號＿＿＿＿＿＿
科目＿＿＿＿＿＿

日期		序時簿		摘　　要	金　　額			
月	日	種類	頁數		借方	貸方	借或貸	餘額
〜〜〜	〜〜	〜〜	〜〜	〜〜〜〜〜	〜〜〜〜	〜〜〜〜	〜〜〜	〜〜〜
				本月合計				
				本月底止累計				

說　明

一、本帳係以會計事項所歸屬的會計科目為主之會計簿籍。

二、本帳上端的「會計科目」及年度，均須於開帳時填明。

三、本帳應依每一總分類帳科目開設帳戶，各帳戶排列的順序，應依會計科目編號順序排列。

四、本帳「摘要」欄，除記載「本月合計」、「過次頁」、「承前頁」、「轉入下年度」、「上年度轉入」等項外，得不記載詳細事由。

五、本帳各戶，得視其實際需要於每筆登帳後結算餘額，或僅於月終結算餘額。

六、本帳各戶，借貸方列數，應每月為「本月合計」的總結，凡屬損益科目在「本月合計」之下應加「本月底止累計」的總結，年初月份的「上年度轉入」數及年終月份的「轉入下年度」數，不併入「本月合計」。

七、本帳於年終結帳時，資產負債類各科目的餘額須「轉入下年度」，損益類各科目的結算數，應結轉本年度損益帳戶。

在上面的說明中，有二點須加補充：

1.總分類帳的各損益科目，須當年度結束，即第七點所述轉入「當年度損益」或「本期損益」帳戶。資負科目不需結束，因而資負科目的分類帳頁可以不管年度而繼續使用。但在實務上，常將總分類帳按年度而分設帳冊，使每一年度的總分類帳，專成一冊。如果用活頁式時，每一年度終了後，便可彙訂成冊。此外，加編科目頁次目錄表可以方便保管及查閱。

2.總帳的摘要欄在使用記帳憑證時，常僅簡述事由或省卻不記，倘需詳知內容，習慣上須另查詳作登載的備查簿或原始憑證。因而在實務上，總帳已成為歸集帳項以資編製報表的橋樑，這與過去以總帳作為帳項詳明歸集的所在，已不相同。實務上即使記帳憑證的摘要，也已趨向簡化，而著重原始憑證的彙訂保存，以供查閱。所以在記帳時，倘無詳載摘要的必要，不必詳予載列，以省手續。

✎ 第四節　總分類帳科目

用於總分類帳的會計科目，簡稱總帳科目。記入序時帳簿的各借貸分錄，

係按總帳科目編製。將已記入序時帳簿的各借貸科目,過往總帳,稱為過帳 (Posting)。過帳的時候,必須在序時簿記載該筆帳的「類頁」(亦稱「分頁」, 都是「總分類帳頁次」的簡稱)欄,註記總帳的頁次。

　　前兩章光隆紙行的例子,用了下列的會計科目。各會計科目為了便於識 別,及排定總帳各科目的次序,特加編號,有如下表:

資產:

　流動資產:

　　1 現金

　　2 零用金

　　3 銀行存款

　　5 短期投資

　　6 應收帳款

　　8 應收票據

　　11 預付結匯款

　　12 預付貨款

　　15 預付所得稅

　　17 員工借支

　　19 代付款

　長期投資:

　　20 長期投資

　固定資產:

　　21 土地

　　22 房屋

　　23 運輸設備

　　24 生財器具

　　28 租賃權益

　　29 未攤提費用

　其他資產:

　　31 存出保證金

負債及權益:

　負債:

　　41 銀行透支

　　42 應付帳款

　　43 應付票據

　　44 預收貨款

　　46 存入保證金

　　47 代收款

　權益:

　　51 資本主投資—王輝

銷貨進貨及其他收入:

　銷貨及其他收入:

　　61 銷貨收入

　　68 租金收入

　進貨:

　　71 進貨

　　78 進貨退出

　　79 進貨折讓

　　以上係光隆紙行已用的一部份會計科目,包括資負表上資產及負債與權

益項下科目，以及銷貨進貨及其他收入科目，費用科目另列於下。在上面所編列的科目表內，留了一些空號，以便以後添入適當而需用的科目。上列編號，以 1–39 為資產類科目，41–49 為負債科目，51–59 為權益科目，61–69 為銷貨及其他各項收入科目，71–79 為進貨及有關科目，這樣的編號方式稱為分段編號法 (Block Code)，便於記憶識別。

全部費用科目，假定用四位數編號如下，計為：

1101 薪資支出	1111 保險費	1121 捐贈	1131 財務支出
1102 勞務費	1112 廣告費	1122 團體會費	1132 投資損失
1103 職工福利	1113 運費	1123 呆帳損失	1133 出售資產虧損
1104 燃料費	1114 倉儲費	1124 書報雜誌	1134 存貨盤損
1105 水電瓦斯費	1115 佣金支出	1126 伙食費	
1106 文具用品費	1116 研究發展費用	1127 各項攤提	
1107 印刷費	1117 修繕費	1128 雜費	
1108 郵電費	1118 折舊		
1109 旅費	1119 稅捐		
1110 交際費	1120 租金支出		

綜上所述，科目編號的原則，著重於方便記憶和識別，並需保留若干空號，以使具有彈性，易於修改編號或增添科目。像上面的科目表，常用的科目如存貨，預付保險費，備抵呆帳，累計折舊，銷貨折讓，利息收入等科目，都還未列入。

第五節　過　帳

將序時簿上的各筆帳，按會計科目過入總帳該科目的帳頁上去，這一簿記工作，稱為過帳 (Posting)。

過帳時須注意：

1. 要按照序時簿上的會計科目，不可張冠李戴，以致過帳錯誤，科目因

而必須看清楚。有的科目比較類似，例如應收帳款與應付帳款，僅一字之差，可是前者是資產，是借方餘額科目，後者是負債，是貸方餘額科目，甚為不同。預收貨款與預付貨款，存出保證金與存入保證金，都極類似。有時序時簿在記載科目時便已弄錯，為審慎起見，宜在過帳時對整個分錄審閱一下。例如貸方為現金而借方為應收帳款，則此應收帳款，幾乎必然是應付帳款之誤，一看分錄的說明，便可知道有誤。如果分錄的說明過簡，便需查閱這一筆的記帳憑證，如果記帳憑證的摘要事由太簡略而不夠清楚，便需查閱這張記帳憑證的原始憑證。又如借方為應付帳款時的貸方為銷貨，則常可斷定借方應該是應收帳款。借方是進貨而貸方是應收帳款，則當是應付帳款之誤。但在借方現金而貸方為存出保證金時，則可能為存出保證金的收回，不一定會是存入保證金之誤。總之，遇到這類科目時，要特別審慎。

2. 要對序時簿上每筆帳的借方與貸方，查閱是否平衡。如果序時簿上已不平衡，過了帳之後，將來根據總帳將全部借貸方彙集的時候，也不會平衡，無法編製會計報表，所以在從原始記錄簿過入終結記錄簿時，就應該特別謹慎細心。

3. 要按照序時簿上的借方與貸方，將借方過入分類帳該科目的借方，貸方過入分類帳該科目的貸方。借貸方在過帳時如果過錯，將來過帳完畢後，總帳上借方與貸方總和，便不會相等。如果只過錯一筆，則借方與貸方的和，便將相差這筆錯誤過帳金額的二倍。

4. 將每一分錄的借方或貸方的每一筆過入分類帳記載完畢後，便需在序時簿的類頁欄，註記總帳的號數，表示這一筆，業已過訖。遇到專欄或特別的分錄，不需逐筆過入總帳的，也需在類頁欄打上「✓」記號。

5. 在分類帳內，記載過入的帳項時，須在「日頁」欄，註記序時簿的頁數，以表明這筆帳過入的來源。這樣一方面表明過入帳項的依據，另方面便於日後的查對。

6. 過帳宜自上而下，逐筆過入，每過一筆，便在類頁欄註記，初步不必貪圖分類帳記載的方便，將同一科目的帳項揀出，以同時過帳，俾免過帳遺漏。

7. 過帳工作，須儘量避免中途停頓。倘有急務必須停頓時，宜將一個分錄的借貸方完全過畢，至少將一筆過帳過妥。停頓後重行開始過帳時，最好將上一筆已過的帳檢查一遍，以視是否確已過畢。過帳時的遺漏與錯誤，常由過帳工作中途發生停頓而來。如果養成良好的習慣，便可避免此類錯誤。

8. 過訖的金額，宜覆閱一遍，以免數字顛倒及位數錯亂。在序時簿上，借方與貸方的金額，每一分錄自相平衡，其數字上的錯亂，極易看出。到了過帳之後，借貸各分東西，錯誤難以立即發覺，影響正確的餘額與今後的編製報表工作，所以要格外謹慎。

　　過帳是根據序時簿而過的。在小規模的營利事業，序時簿和總帳都由一位簿記員登記，能隨時根據序時簿而過入總帳。如果規模較大，序時簿與總帳非由一人管理，或者序時簿分設多本，分由多人管理，這時候常可能為序時簿登載多筆帳之後，方作過帳的工作，或者每天待序時簿記載完畢之後，方交經管總帳的人員作過帳的工作。不論是何種情形，都應該將已記入序時簿的會計事項，從速過帳完畢。

🖋 第六節　過帳實例

　　茲將前兩章光隆紙行的實例，先按第七章只設一本日記簿的情形，過入總帳各科目的帳頁之內。總帳的格式，用餘額式。日記簿的類頁欄，照光隆紙行的會計科目編號，在過帳上加註。這註記類頁欄的手續，本是過帳工作中的一部份，為舉例方便起見，已在第七章上加註。

現　金

帳號：1

102 年 月	日	摘　　要	日頁	借　　方	貸　　方	借或貸	餘　　額
12	1	資本主投資－王輝	1	$900,000 00		借	$900,000 00
	2	存出保證金－大中紙業公司	1		$ 50,000 00	借	850,000 00
	3	向第一銀行開立甲活存	1		800,000 00	借	50,000 00
	3	裝電話	1		16,000 00	借	34,000 00
	4	事務員週轉金	1		3,000 00	借	31,000 00
	7	代聯興號墊款	2		10,000 00	借	21,000 00
	9	員工借支	2		2,000 00	借	19,000 00
	9	預付貨款	2		5,000 00	借	14,000 00
	13	購短期公債	2		9,000 00	借	5,000 00
	17	電表押金	3		1,000 00	借	4,000 00
	18	預收元昌紙行貨款	3	100,000 00		借	104,000 00
	20	出納張謀保證金存入	3	10,000 00		借	114,000 00
	21	致新竹客戶禮金及匯費	4		106 00	借	113,894 00
	22	公會會費	4		200 00	借	113,694 00
	22	李奇借支	4		2,000 00	借	111,694 00
	24	租金收入	4	1,900 00		借	113,594 00
	26	向臺銀結匯	4		73,665 50	借	39,928 50
	27	各項開支	5		15,200 00	借	24,728 50

零用金

帳號：2

102 年 月	日	摘　　要	日頁	借　　方	貸　　方	借或貸	餘　　額
12	4		1	$3,000 00		借	$3,000 00

銀行存款

第一銀行臺北西門分行 #61 戶
102/12/15 訂立長期透支契約，限額 $500,000　　　　　　　　　　帳號：3

102年 月	日	摘　要	日頁	借　方	貸　方	借或貸	餘　額
12	3	開戶	1	$800,000 00		借	$800,000 00
	5	#1，機車三輛	1		$ 25,000 00	借	775,000 00
	5	#2，營業用器具	1		12,000 00	借	763,000 00
	6	#3，向大中紙業公司進貨	2		200,000 00	借	563,000 00
	8	收西昌紙行貨款	2	200,000 00		借	763,000 00
	10	#4，付大中紙業公司貨款	2		350,000 00	借	413,000 00
	12	#5，預付中國紙廠定金	2		100,000 00	借	313,000 00
	16	#6，投資中華紙器公司	3		50,000 00	借	263,000 00
	16	收南方紙行到期支票	3	50,000 00		借	313,000 00
	20	#8，付承租倉庫	3		10,667 00	借	302,333 00
	21	#7，付文華紙廠貨款支票到期	4		465,000 00	貸	*162,667 00
	26	收元昌紙行到期支票	4	300,000 00		借	137,333 00
	28	#9，勞軍捐款	5		1,000 00	借	136,333 00
	31	#10，員工薪津	5		14,820 00	借	121,513 00
	31	#11，本月零用金報銷	5		1,000 00	借	120,513 00

附註：* 表紅字，為已向銀行透支的金額。

短期投資

帳號：5

102年 月	日	摘　要	日頁	借　方	貸　方	借或貸	餘　額
12	13	購入短期公債	2	$ 9,000 00		借	$ 9,000 00
	26	結匯附購政府公債	4	2,000 00		借	11,000 00

應收帳款

帳號： 6

102年 月	日	摘　　要	日頁	借　　方	貸　　方	借或貸	餘　　額
12	8	西昌紙行，基隆市基二路○○號	2	$156,500 00		借	$156,500 00
	14	南方紙行，臺北市仁愛街○○號	3	28,000 00		借	184,500 00
	21	元昌紙行，臺南市開元路○○號	4	38,000 00		借	222,500 00
	23	光元紙行，臺北市衡陽路○○號	4	89,000 00		借	311,500 00

應收票據

帳號： 8

102年 月	日	摘　　要	日頁	借　　方	貸　　方	借或貸	餘　　額
12	8	西昌紙行四十五天期	2	$300,000 00		借	$300,000 00
	14	南方紙行 12/16 期	3	50,000 00		借	350,000 00
	16	南方紙行收訖	3		$ 50,000 00	借	300,000 00
	21	元昌紙行 12/26 期 $300,000 及 三十天期 $100,000	4	400,000 00		借	700,000 00
	26	收元昌到期支票款	4		300,000 00	借	400,000 00

預付結匯款

帳號： 11

102年 月	日	摘　　要	日頁	借　　方	貸　　方	借或貸	餘　　額
12	26	向香港德輔道中元茂行進銅版紙	4	$71,665 50		借	$71,665 50

預付貨款

帳號：12

102 年		摘　　要	日頁	借　　方	貸　　方	借或貸	餘　　額
月	日						
12	9	文華紙廠，臺中市豐原區中山路〇〇號	2	$　5,000 00		借	$　5,000 00
	11	大中紙業公司，臺北市懷寧街〇〇號	2	50,000 00		借	55,000 00
	12	中國紙廠，嘉義市中正路〇〇號	2	100,000 00		借	155,000 00
	19	與文華結訖	3		$5,000 00	借	150,000 00

預付所得稅

帳號：15

102 年		摘　　要	日頁	借　　方	貸　　方	借或貸	餘　　額
月	日						
12	24	本月份租賃所得稅	4	$100 00		借	$100 00

員工借支

帳號：17

102 年		摘　　要	日頁	借　　方	貸　　方	借或貸	餘　　額
月	日						
12	9	員工借薪	2	$2,000 00		借	$2,000 00
	22	李奇妻生產	4	2,000 00		借	4,000 00
	31	扣回借薪	5		$2,000 00	借	2,000 00

代付款

帳號：19

102 年		摘　　要	日頁	借　　方	貸　　方	借或貸	餘　　額
月	日						
12	7	代高雄市七賢三路〇〇號聯興號付	2	$10,000 00		借	$10,000 00

長期投資

帳號：20

102年		摘　　要	日頁	借　　方		貸　　方		借或貸	餘　　額	
月	日									
12	16	投資新北市板橋區中華紙器公司1萬股	3	$50,000	00			借	$50,000	00

土　地

帳號：21

102年		摘　　要	日頁	借　　方		貸　　方		借或貸	餘　　額	
月	日									
12	1	臺北市成都路○○號，資本主投資	1	$100,000	00			借	$100,000	00

房　屋

帳號：22

102年		摘　　要	日頁	借　　方		貸　　方		借或貸	餘　　額	
月	日									
12	1	臺北市成都路○○號，資本主投資	1	$200,000	00			借	$200,000	00

運輸設備

帳號：23

102年		摘　　要	日頁	借　　方		貸　　方		借或貸	餘　　額	
月	日									
12	5	新三東機車三輛	1	$25,000	00			借	$25,000	00

生財器具

帳號：24

102年		摘　　要	日頁	借　　方		貸　　方		借或貸	餘　　額	
月	日									
12	5	各種營業用具，詳見財產登記簿	1	$12,000	00			借	$12,000	00
	30	寫字檯二張及貨櫃二個	5	1,800	00			借	13,800	00

租賃權益

帳號：28

102 年		摘　　要	日頁	借　　方	貸　　方	借或貸	餘　　額
月	日						
12	20	臺灣倉庫公司承租倉庫二間，租期十年	3	$10,000 00		借	$10,000 00

未攤提費用

帳號：29

102 年		摘　　要	日頁	借　　方	貸　　方	借或貸	餘　　額
月	日						
12	3	號碼 #77430	1	$15,000 00		借	$15,000 00

存出保證金

帳號：31

102 年		摘　　要	日頁	借　　方	貸　　方	借或貸	餘　　額
月	日						
12	2	存大中紙業公司，代銷商保證金	1	$50,000 00		借	$50,000 00
	3	電話裝機保證金	1	1,000 00		借	51,000 00
	17	電表押金	3	1,000 00		借	52,000 00

應付帳款

帳號：42

102 年		摘　　要	日頁	借　　方	貸　　方	借或貸	餘　　額
月	日						
12	6	大中紙業公司，臺北市懷寧街○○號	2		$352,000 00	貸	$352,000 00
	10	大中紙業公司，臺北市懷寧街○○號	2	$352,000 00		平	0
	19	文華紙廠，豐原區中山路○○號	3		230,000 00	貸	230,000 00
	30	華昇木器行，臺北市長沙街○○號	5		1,800 00	貸	231,800 00

應付票據

帳號：43

102年		摘　要	日頁	借　方	貸　方	借或貸	餘　額
月	日						
12	6	大中紙業公司，五十天期	2		$400,000 00	貸	$400,000 00
	19	文華紙廠，12/21 期	3		465,000 00	貸	865,000 00
	21	票據到期還文華紙廠	4	$465,000 00		貸	400,000 00

預收貨款

帳號：44

102年		摘　要	日頁	借　方	貸　方	借或貸	餘　額
月	日						
12	18	收元昌紙行	3		$100,000 00	貸	$100,000 00
	21	與元昌結清	4	$100,000 00		平	0

存入保證金

帳號：46

102年		摘　要	日頁	借　方	貸　方	借或貸	餘　額
月	日						
12	20	出納張謀保證金	3		$10,000 00	貸	$10,000 00

代收款

帳號：47

102年		摘　要	日頁	借　方	貸　方	借或貸	餘　額
月	日						
12	31	扣收所得稅 $30 及員工保險費 $150	5		$180 00	貸	$180 00

資本主投資－王輝

帳號：51

102年		摘　要	日頁	借　方	貸　方	借或貸	餘　額
月	日						
12	1	獨資開業。住址：本行。	1		$1,200,000 00	貸	$1,200,000 00

銷貨收入

帳號：61

102 年		摘　要	日頁	借　方	貸　方	借或貸	餘　額
月	日						
12	8	西昌紙行	2		$656,500 00	貸	$ 656,500 00
	14	南方紙行	3		78,000 00	貸	734,500 00
	21	元昌紙行	4		538,000 00	貸	1,272,500 00
	23	光元紙行	4		89,000 00	貸	1,361,500 00

租金收入

帳號：68

102 年		摘　要	日頁	借　方	貸　方	借或貸	餘　額
月	日						
12	24	收堅美紙器廠租本行屋一間本月份租金	4		$2,000 00	貸	$2,000 00

進　貨

帳號：71

102 年		摘　要	日頁	借　方	貸　方	借或貸	餘　額
月	日						
12	6	大中紙業公司，詳見存貨卡	2	$952,000 00		借	$ 952,000 00
	19	文華紙廠	3	701,000 00		借	1,653,000 00

進貨退出

帳號：78

102 年		摘　要	日頁	借　方	貸　方	借或貸	餘　額
月	日						
12	11	大中紙業公司	2		$50,000 00	貸	$50,000 00

進貨折讓

帳號：79

102 年		摘　要	日頁	借　方	貸　方	借或貸	餘　額
月	日						
12	10	大中紙業公司	2		$2,000 00	貸	$2,000 00
	19	文華紙廠	3		1,000 00	貸	3,000 00

薪資支出   帳號：101

102 年		摘　　要	日頁	借　　方	貸　　方	借或貸	餘　　額
月	日						
12	31	本月份	5	$17,000 00		借	$17,000 00

水電費   帳號：105

102 年		摘　　要	日頁	借　　方	貸　　方	借或貸	餘　　額
月	日						
12	27	水費 $300，電費 $1,000	5	$1,300 00		借	$1,300 00

文具用品費   帳號：106

102 年		摘　　要	日頁	借　　方	貸　　方	借或貸	餘　　額
月	日						
12	27		5	$2,000 00		借	$2,000 00

印刷費   帳號：107

102 年		摘　　要	日頁	借　　方	貸　　方	借或貸	餘　　額
月	日						
12	27		5	$1,500 00		借	$1,500 00

郵電費   帳號：108

102 年		摘　　要	日頁	借　　方	貸　　方	借或貸	餘　　額
月	日						
12	27	本月電話費	5	$600 00		借	$600 00

旅　費   帳號：109

102 年		摘　　要	日頁	借　　方	貸　　方	借或貸	餘　　額
月	日						
12	27		5	$3,000 00		借	$3,000 00

交際費

102 年		摘　　要	日頁	借　　方	貸　　方	借或貸	餘　　額
月	日						
12	21	賀新竹客戶	4	$　106 00		借	$　106 00
	27		5	1,500 00		借	1,606 00

廣告費

102 年		摘　　要	日頁	借　　方	貸　　方	借或貸	餘　　額
月	日						
12	27		5	$2,000 00		借	$2,000 00

運　費

102 年		摘　　要	日頁	借　　方	貸　　方	借或貸	餘　　額
月	日						
12	27		5	$3,300 00		借	$3,300 00

稅　捐

102 年		摘　　要	日頁	借　　方	貸　　方	借或貸	餘　　額
月	日						
12	31	一銀透支契約印花	5	$100 00		借	$100 00

租金支出

102 年		摘　　要	日頁	借　　方	貸　　方	借或貸	餘　　額
月	日						
12	20	倉庫租至本月底止的租金支出	3	$667 00		借	$667 00

自由捐贈

102 年		摘　　要	日頁	借　　方	貸　　方	借或貸	餘　　額
月	日						
12	28	勞軍捐款	5	$1,000 00		借	$1,000 00

團體會費

帳號：122

102 年		摘　　要	日頁	借　　方	貸　　方	借或貸	餘　　額
月	日						
12	22	本月份公會會費	4	$200 00		借	$200 00

雜　費

帳號：128

102 年		摘　　要	日頁	借　　方	貸　　方	借或貸	餘　　額
月	日						
12	31		5	$900 00		借	$900 00

　　餘額欄前的借或貸欄，用以註明餘額為借或貸。到了記帳熟習的時候，對於科目的餘額為借為貸，已很清楚，便常省略不註。已無餘額的，可註一「平」字，像帳號 44 的預收貨款所記。

　　過帳時摘要欄的記載，在上一實例，已列示了三種情形：

　　1.有根本不記的，像雜費、運費等，在序時簿便已無詳明摘要，將來須查閱原始憑證。

　　2.同一科目是否需記載情況不一，像交際費科目的二筆帳，一筆序時簿已載明，另一筆沒有載明，將來有必要時再查閱原始憑證。

　　3.其他有記載的，都足以使閱覽總帳帳頁的人了解所發生會計事項的內容。所記載的分類帳頁，倘使有幫助閱者了解內容的必要，便應該在摘要欄作適當的記載。

　　摘要欄作記載時，仍以簡明為主，關於人名帳戶及財物帳戶，並須按照《商業會計法》及《所得稅法》的規定：

　　1.對於人名帳戶，載明真實本名住所。

　　2.對於財物帳戶，載明名稱、種類、價格、數量及其存置地點。

📍 第七節　財物帳戶

　　上例中對於往來客戶，已載明其地址。對於財物帳戶，在營業用器具帳頁上註明詳見財產登記簿。這是一本備查簿，登記各種財產的名稱、種類、價格、數量、購入年月、存置地點，並有備註欄，以供說明。備查簿沒有一定的格式，大規模的營利事業，財產眾多，財產登記便成相當繁雜的事務，必須有專人設立多種簿卡管理。

　　光隆紙行目前貨物的種類與進出量不多，可以暫用備查式的存貨計數卡（計數卡上的括弧，代表減數，可用紅筆或用其他符號表示）。

　　這樣的計數卡，每欄隨時可以結計餘額，以與實際的存量相核對，非常簡便。貨品種類較多的可以分類設卡，例如將 50 磅的印書紙與 50 磅模造紙分為一類設卡，也可按進貨廠商分別各成一欄，例如文華 50 磅印書紙及大中 50 磅印書紙。一批進貨已全數銷訖的，像大中 50 磅印書紙 1,000 令及文華 60 磅道林紙 500 令，可用鉛筆劃上斜線，表示清結，以使餘額更易結計。

光　隆　商　行

存　貨　計　數　卡

第 1 頁

102年 月	日	憑證	摘　要	50磅印書紙	60磅模造紙	210磅雙面白板紙	100磅牛皮紙	60磅道林紙	50磅模造紙	100磅包裝紙	銅版紙
12	6	（可填列記帳憑證或原始憑證字號或二者皆填）	向大中進貨	1,000 令	500 令	300 令	500 令	令	令	令	令
	8		售予西昌紙行	(1,000)	(400)	(150)	(250)				
	11		退還大中公司			(50)					
	14		售予南方紙行		(50)		(100)				
	19		向文華進貨	1,000				500	500	1,000	
	21		售予元昌紙行	(800)				(500)	(200)	(400)	
	23		售予光元紙行				(100)		(100)		

第八節　分設現金簿時的過帳

　　將序時簿分為現金簿及分錄簿時，過帳的情形，與第六節所述略有不同。在分錄日記簿以外所設的序時簿，都是特種日記簿。特種日記簿的特點，是將特定的會計事項彙集記載，於是，在序時記載之外，便同時有對特殊帳項分類歸集的功能。現金簿便是對現金科目有了歸集的作用，對於現金，不必逐筆過入總帳的現金帳頁，而可在彙計總數之後，再行過入總帳。

　　下面是按第八章帳戶式的現金簿而過帳的總帳各科目帳頁的情形，該例假定光隆紙行 102 年 12 月份全部現金收支帳頁，都載於現金簿的第一頁內，以供比較，同時摘要從略，並假定由於 102 年僅一個月，帳項較少，因而總分類帳購用現成訂本的帳簿，按帳號而定頁次。

現　金

第 1 頁

102 年		摘　　要	日頁	借　　方	貸　　方	借或貸	餘　　額
月	日						
12	31	本月份收支	現 1	$1,011,900 00	$987,171 50	借	$24,728 50

零用金

第 2 頁

102 年		摘　　要	日頁	借　　方	貸　　方	借或貸	餘　　額
月	日						
12	4		現 1	$3,000 00		借	$3,000 00

銀行存款

第 3 頁

102 年		摘　　要	日頁	借　　方	貸　　方	借或貸	餘　　額
月	日						
12	31	本月份存取	現 1	$1,350,000 00	$1,229,487 00	借	$120,513 00

短期投資

102 年		摘　　要	日頁	借　　方	貸　　方	借或貸	餘　　額
月	日						
12	13		現 1	$ 9,000 00		借	$ 9,000 00
	26		現 1	2,000 00		借	11,000 00

應收帳款

102 年		摘　　要	日頁	借　　方	貸　　方	借或貸	餘　　額
月	日						
12	8	西昌紙行	日 1	$156,500 00		借	$156,500 00
	14	南方紙行	日 2	28,000 00		借	184,500 00
	21	元昌紙行	日 2	38,000 00		借	222,500 00
	23	光元紙行	日 3	89,000 00		借	311,500 00

應收票據

102 年		摘　　要	日頁	借　　方	貸　　方	借或貸	餘　　額
月	日						
12	8		日 1	$300,000 00		借	$300,000 00
	14		日 2	50,000 00		借	350,000 00
	16		現 1		$ 50,000 00	借	300,000 00
	21		日 2	400,000 00		借	700,000 00
	26		現 1		300,000 00	借	400,000 00

預付結匯款

102 年		摘　　要	日頁	借　　方	貸　　方	借或貸	餘　　額
月	日						
12	26		現 1	$71,665 50		借	$71,665 50

預付貨款 第 12 頁

102 年		摘　　要	日頁	借　　方	貸　　方	借或貸	餘　　額
月	日						
12	9		現 1	$　5,000 00		借	$　5,000 00
	11		日 2	50,000 00		借	55,000 00
	12		現 1	100,000 00		借	155,000 00
	19		日 2		$5,000 00	借	150,000 00

預付所得稅 第 15 頁

102 年		摘　　要	日頁	借　　方	貸　　方	借或貸	餘　　額
月	日						
12	24		日 3	$100 00		借	$100 00

員工借支 第 17 頁

102 年		摘　　要	日頁	借　　方	貸　　方	借或貸	餘　　額
月	日						
12	9		現 1	$2,000 00		借	$2,000 00
	22		現 1	2,000 00		借	4,000 00
	31		日 3		$2,000 00	借	2,000 00

代付款 第 19 頁

102 年		摘　　要	日頁	借　　方	貸　　方	借或貸	餘　　額
月	日						
12	7		現 1	$10,000 00		借	$10,000 00

長期投資 第 20 頁

102 年		摘　　要	日頁	借　　方	貸　　方	借或貸	餘　　額
月	日						
12	16		現 1	$50,000 00		借	$50,000 00

土　地

102 年		摘　　要	日頁	借　　方	貸　　方	借或貸	餘　　額
月	日						
12	1		日 1	$100,000 00		借	$100,000 00

房　屋

102 年		摘　　要	日頁	借　　方	貸　　方	借或貸	餘　　額
月	日						
12	1		日 1	$200,000 00		借	$200,000 00

運輸設備

102 年		摘　　要	日頁	借　　方	貸　　方	借或貸	餘　　額
月	日						
12	5		現 1	$25,000 00		借	$25,000 00

生財器具

102 年		摘　　要	日頁	借　　方	貸　　方	借或貸	餘　　額
月	日						
12	5		現 1	$12,000 00		借	$12,000 00
	30		日 3	1,800 00		借	13,800 00

租賃權益

102 年		摘　　要	日頁	借　　方	貸　　方	借或貸	餘　　額
月	日						
12	20		現 1	$10,000 00		借	$10,000 00

未攤提費用

102 年		摘　　要	日頁	借　　方	貸　　方	借或貸	餘　　額
月	日						
12	3		現 1	$15,000 00		借	$15,000 00

存出保證金

第 31 頁

102 年		摘　　要	日頁	借　　方	貸　　方	借或貸	餘　　額
月	日						
12	2		現 1	$50,000 00		借	$50,000 00
	3		現 1	1,000 00		借	51,000 00
	17		現 1	1,000 00		借	52,000 00

應付帳款

第 42 頁

102 年		摘　　要	日頁	借　　方	貸　　方	借或貸	餘　　額
月	日						
12	6	大中紙業公司	日 1		$352,000 00	貸	$352,000 00
	10	大中紙業公司	日 2	$352,000 00		平	0
	19	文華紙廠	日 2		230,000 00	貸	230,000 00
	30	華昇木器行	日 3		1,800 00	貸	231,800 00

應付票據

第 43 頁

102 年		摘　　要	日頁	借　　方	貸　　方	借或貸	餘　　額
月	日						
12	6		日 1		$400,000 00	貸	$400,000 00
	19	文華紙廠	日 2		465,000 00	貸	865,000 00
	21		現 1	$465,000 00		貸	400,000 00

預收貨款

第 44 頁

102 年		摘　　要	日頁	借　　方	貸　　方	借或貸	餘　　額
月	日						
12	18		現 1		$100,000 00	貸	$100,000 00
	21		日 2	$100,000 00		平	0

存入保證金　　第 46 頁

102 年		摘　　要	日頁	借　方	貸　方	借或貸	餘　額
月	日						
12	20		現 1		$10,000 00	貸	$10,000 00

代收款　　第 47 頁

102 年		摘　　要	日頁	借　方	貸　方	借或貸	餘　額
月	日						
12	31		日 3		$180 00	貸	$180 00

資本主投資－王輝　　第 51 頁

102 年		摘　　要	日頁	借　方	貸　方	借或貸	餘　額
月	日						
12	1		日 1		$1,200,000 00	貸	$1,200,000 00

銷貨收入　　第 61 頁

102 年		摘　　要	日頁	借　方	貸　方	借或貸	餘　額
月	日						
12	8		日 1		$656,500 00	貸	$ 656,500 00
	14		日 2		78,000 00	貸	734,500 00
	21		日 2		538,000 00	貸	1,272,500 00
	23		日 3		89,000 00	貸	1,361,500 00

租金收入　　第 68 頁

102 年		摘　　要	日頁	借　方	貸　方	借或貸	餘　額
月	日						
12	24		日 3		$2,000 00	貸	$2,000 00

進　貨

102 年		摘　　要	日頁	借　　方	貸　　方	借或貸	餘　　額
月	日						
12	6		日 1	$952,000 00		借	$　952,000 00
	19		日 2	701,000 00		借	1,653,000 00

進貨退出

102 年		摘　　要	日頁	借　　方	貸　　方	借或貸	餘　　額
月	日						
12	11		日 2		$50,000 00	貸	$50,000 00

進貨折讓

102 年		摘　　要	日頁	借　　方	貸　　方	借或貸	餘　　額
月	日						
12	10		日 2		$2,000 00	貸	$2,000 00
	19		日 2		1,000 00	貸	3,000 00

薪資支出

102 年		摘　　要	日頁	借　　方	貸　　方	借或貸	餘　　額
月	日						
12	31		日 3	$17,000 00		借	$17,000 00

水電費

102 年		摘　　要	日頁	借　　方	貸　　方	借或貸	餘　　額
月	日						
12	27		現 1	$1,300 00		借	$1,300 00

文具用品費　　　　　　　　　　　第 106 頁

102 年 月	日	摘　要	日頁	借　方	貸　方	借或貸	餘　額
12	27		現 1	$2,000 00		借	$2,000 00

印刷費　　　　　　　　　　　　第 107 頁

102 年 月	日	摘　要	日頁	借　方	貸　方	借或貸	餘　額
12	27		現 1	$1,500 00		借	$1,500 00

郵電費　　　　　　　　　　　　第 108 頁

102 年 月	日	摘　要	日頁	借　方	貸　方	借或貸	餘　額
12	27		現 1	$600 00		借	$600 00

旅　費　　　　　　　　　　　　第 109 頁

102 年 月	日	摘　要	日頁	借　方	貸　方	借或貸	餘　額
12	27		現 1	$3,000 00		借	$3,000 00

交際費　　　　　　　　　　　　第 110 頁

102 年 月	日	摘　要	日頁	借　方	貸　方	借或貸	餘　額
12	21		現 1	$ 106 00		借	$ 106 00
	27		現 1	1,500 00		借	1,606 00

廣告費　　　　　　　　　　　　第 112 頁

102 年 月	日	摘　要	日頁	借　方	貸　方	借或貸	餘　額
12	27		現 1	$2,000 00		借	$2,000 00

運　費　　　　　　　　　　　　第 113 頁

102 年		摘　　要	日頁	借　　方	貸　　方	借或貸	餘　　額
月	日						
12	27		現 1	$3,300 00		借	$3,300 00

稅　捐　　　　　　　　　　　　第 119 頁

102 年		摘　　要	日頁	借　　方	貸　　方	借或貸	餘　　額
月	日						
12	31		現 1	$100 00		借	$100 00

租金支出　　　　　　　　　　　第 120 頁

102 年		摘　　要	日頁	借　　方	貸　　方	借或貸	餘　　額
月	日						
12	20		現 1	$667 00		借	$667 00

自由捐贈　　　　　　　　　　　第 121 頁

102 年		摘　　要	日頁	借　　方	貸　　方	借或貸	餘　　額
月	日						
12	28		現 1	$1,000 00		借	$1,000 00

團體會費　　　　　　　　　　　第 122 頁

102 年		摘　　要	日頁	借　　方	貸　　方	借或貸	餘　　額
月	日						
12	22		現 1	$200 00		借	$200 00

雜　費　　　　　　　　　　　　第 128 頁

102 年		摘　　要	日頁	借　　方	貸　　方	借或貸	餘　　額
月	日						
12	31		現 1	$900 00		借	$900 00

這時候各分類帳頁的過帳，最主要的不同，是在 #1 現金科目及 #3 銀行存款科目的帳頁。會計事項全在一本序時簿之內時，這兩個科目的帳頁，過帳的筆數特多，因為會計事項之中，屬於現金收支的，恆占甚大的部份。現在序時簿由一本而分為二本，在分錄日記簿之外，另設現金簿，使現金與銀行存款兩個科目，在現金簿上先行彙集，過帳的手續便大為簡化。像光隆紙行的例子，12 月份整個月的現金與銀行存款二者借方與貸方各筆，到 12 月底一次由現金簿過帳到總帳去，大為省便。

此時過帳，在現金簿上，須注意對本月合計這一行的「類頁」欄要分別註記現金及銀行存款此二科目的帳號或頁次。有時候不在「類頁」欄註記，而改在各合計數之下註記。例如第八章按餘額式月終的總額之下，可作如下的註記：

合計	$1,011,900.00	$1,350,000.00	$987,171.50	$1,229,487.00
	(1)	(3)	(1)	(3)

然後分別過入總分類帳的 #1 現金帳頁及 #3 銀行存款帳頁的借方與貸方。

由於序時簿現在已有兩種，所以過帳的結果，在「日頁」欄上所註記的，有的是現金簿的頁次，例如「現 1」，指由現金簿第 1 頁過入，有的是日記簿的頁次，例如「日 2」，即由日記簿的第 2 頁過入。

✒ 第九節　過帳後的平衡

序時簿是借貸平衡的，過帳時將各個借貸平衡的分錄，分別按科目歸集，如果過帳的工作，沒有遺漏與差誤，則過帳後各總帳科目的餘額，也必定平衡。

檢查過帳後各餘額是否平衡，稱為試算 (Trial Balance)。簿記上要常養成

試算的習慣，從借貸是否仍保平衡上，試驗過帳的是否已有差誤。

簡單的試算是將過帳後的借方餘額與貸方餘額列出相加，以視借方與貸方的和是否相等，已無餘額的科目（如 #44 預收貨款），便可不必列出。舉例如下：

	借　　餘		貸　　餘
1	$　　24,728.50	42	$　　231,800.00
2	3,000.00	43	400,000.00
3	120,513.00	46	10,000.00
5	11,000.00	47	180.00
6	311,500.00	51	1,200,000.00
8	400,000.00	61	1,361,500.00
11	71,665.50	68	2,000.00
12	150,000.00	78	50,000.00
15	100.00	79	3,000.00
17	2,000.00		$3,258,480.00
19	10,000.00		
20	50,000.00		
21	100,000.00		
22	200,000.00		
23	25,000.00		
24	13,800.00		
28	10,000.00		
29	15,000.00		
31	52,000.00		
71	1,653,000.00		
101	17,000.00		
105	1,300.00		
106	2,000.00		
107	1,500.00		
108	600.00		
109	3,000.00		

110	1,606.00
112	2,000.00
113	3,300.00
119	100.00
120	667.00
121	1,000.00
122	200.00
128	900.00
	$3,258,480.00

現在過帳後的借貸方餘額相等，便表示借貸仍屬平衡的。

一、問答題

1. 分類帳的基本作用是什麼？

2. 何謂原始記錄簿？何謂終結記錄簿？

3. 總帳主要有那三種形式？

4. 簡述會計科目編號的原則。

5. 簡述過帳時須注意的事項。

6. 分設現金簿之後，總帳的現金科目帳頁是否詳明記載摘要？

7. 分設現金簿後，何以能使現金收支帳項的過帳工作簡化？

8. 如果完全依照第七章所述餘額式格式的現金簿，即現金與銀行存款並不分計者，則在總帳上，現金與銀行存款應合為一個科目，還是仍予分為二個科目？

9. 過帳之後，借貸方是否必然平衡？為什麼？

二、選擇題

(　　) 1. 編製財務報表之根據為：

　　　　(A)日記簿　(B)序時簿　(C)分類帳　(D)分錄簿　　　　　　　【丙級技術士檢定】

(　　) 2. 分類帳中之每一帳戶是用來：

(A)彙總資產交易之金額　(B)彙總損益交易之金額　(C)彙總同科目交易之金額 (D)所有科目名稱與餘額之列表　　　　　　　　　　【丙級技術士檢定】

（　）3.下列敘述何者有誤？

(A)分類帳是主要帳簿　(B)分類帳是編表的重要資料　(C)分類帳有統制與補助的功能　(D)分類帳為原始帳簿　　　　　　　　　　【丙級技術士檢定】

（　）4.設置明細分類帳之目的，在表達下列何者之明細狀況？

(A)某一天　(B)某一期間　(C)某一科目　(D)某一帳簿　【丙級技術士檢定】

（　）5.分類帳之何欄，如無需要可空白：

(A)日期欄　(B)日頁欄　(C)借或貸欄　(D)摘要欄　　　【丙級技術士檢定】

（　）6.分類帳同一帳戶內之記載原則為：

(A)日期先後　(B)金額大小　(C)借貸順序　(D)科目編號　【丙級技術士檢定】

（　）7.分類帳主要在表達：

(A)各交易性質　(B)各科目金額變動情形　(C)期間損益結果　(D)期末財務狀況

【丙級技術士檢定】

（　）8.分類帳格式中不會出現下列那一欄：

(A)日期欄　(B)日頁欄　(C)金額欄　(D)類頁欄　　　　【丙級技術士檢定】

（　）9.日記帳中的貸方金額，應過入分類帳該帳戶的：

(A)借方　(B)貸方　(C)借、貸方均可　(D)餘額欄　　　【丙級技術士檢定】

（　）10.過帳時，分類帳所記載之日期為：

(A)交易發生日期　(B)記入日記簿日期　(C)過帳日期　(D)傳票核准日期

【丙級技術士檢定】

三、練習題

1.將第七章練習題3榮泰商行的序時帳，全部過入總帳。

2.將第八章練習題2已按帳戶式現金簿記載的大光商行會計事項，全部過入總帳。

3.將第八章練習題3成祥商行的帳，全部過入總帳。

4.將上題成祥商行的貨品進出，登載存貨計數卡，並結出其在10月底結存的數量。

5.將成祥商行過入總帳後餘額，分借餘及貸餘彙計，試算是否平衡。

6.將第八章按未改良的餘額式格式現金簿上所記載的各會計事項過入總帳，但不過分錄
　日記簿上的會計事項。且對類頁欄上有「✓」者不過。過訖之後，試算其各總帳餘額
　是否平衡？為什麼？

會計學（上）、（下）

辛世間／著；洪文湘／修訂

　　自民國 102 年開始，上市上櫃公司之會計處理，須全面遵行「國際財務報導準則」(IFRS)。本書修訂八版，即以我國最新公報內容及現行法令為依據，並闡明 IFRS 相關規定，以應廣大市場之需求。

　　本書增修重點係根據國際財務報導準則的規定，修訂部分會計專有名詞，並針對內容之改變加以定義及解析。正文各章末均新增「本章摘要」及「英漢對照」單元，方便讀者掌握該章重點，並與課文內容參互見義。習題有問答、選擇及解析三種題型，其中選擇題多為近年高考、普考、初考及特考考古題，本次改版並增加「丙級技術士檢定」試題，以提高讀者應試時的實戰能力。本書分上、下兩冊，可供大學、專科及技術學院教學使用，亦可供一般自修會計人士參考應用。